全民科学素质行动计划纲要书系

农博士 答疑
一万个为什么？

# 经济中药材栽培

黎 宁 主编

U0397114

广西科学技术出版社

图书在版编目（CIP）数据

经济中药材栽培 / 黎宁主编. —南宁：广西科学
技术出版社，2017.11（2018.10 重印）
ISBN 978 - 7 - 5551 - 0887 - 0

Ⅰ.①经… Ⅱ.①黎… Ⅲ.①药用植物—栽培技术
Ⅳ.①S567

中国版本图书馆 CIP 数据核字（2017）第 273261 号

**经济中药材栽培**

JINGJI ZHONGYAOCAI ZAIPEI

黎宁　主编

责任编辑：罗煜涛　　　　　　　　　　　　责任校对：马云解
装帧设计：韦娇林　　　　　　　　　　　　责任印制：韦文印

出　版　人：卢培钊
出版发行：广西科学技术出版社
社　　　址：广西南宁市东葛路 66 号　　　　邮政编码：530022
网　　　址：http://www.gxkjs.com

经　　　销：全国各地新华书店
印　　　刷：广西金考印刷有限公司
地　　　址：南宁市高新三路 3 号广源工业城 11 栋　邮政编码：530007
开　　　本：787 mm×1092 mm　1/16
字　　　数：134 千字　　　　　　　　　　印　　张：7.25
版　　　次：2017 年 11 月第 1 版
印　　　次：2018 年 10 月第 3 次印刷
书　　　号：ISBN 978 - 7 - 5551 - 0887 - 0
定　　　价：38.00 元

# 编委会

# 前　言

2015 年 11 月，中共中央、国务院做出关于打赢脱贫攻坚战的决定，明确提出，确保到 2020 年农村贫困人口实现脱贫，是全面建成小康社会最艰巨的任务。当前，全国上下都精诚团结、积极投身于这场脱贫攻坚战中。

扶贫脱贫，农民朋友是主角。只有大力普及先进科学技术，提高农民朋友的科学素质，才能从根本上推动农业增产增收和农村和谐发展，让贫困户早日甩掉贫困帽。《农博士答疑一万个为什么》丛书的出版是贯彻落实党中央和国务院脱贫攻坚政策的一个具体行动，它在科技与农民朋友之间搭建了一座传播科技文化的桥梁，用一问一答的形式详细解答农村生产和日常生活中常遇到的诸多问题，具有很强的权威性、针对性和实用性，将给广大农民朋友生产生活提供很好的帮助。

仔细翻阅这套丛书，我们会发现：没有长篇累牍的说教，只有通俗易懂的解说；没有高深难懂的理论，只有易于操作的方法。它像一位资深教授，时刻为农民朋友的"提问"做解答准备；它像一本农村百科全书，只要拿起丛书即可轻松操作解决问题。本丛书的内容简单，实用性强，农民朋友一看就懂、一学就会、一用就灵，助力农民朋友在脱贫致富的道路上快马加鞭。

今天，在世界杂交水稻之父、中国工程院院士袁隆平的关心指导下，在广西科学技术协会科普部和南方科技报社的不懈努力下，《农博士答疑一万个为什么》丛书得以顺利出版，在此编委会对为丛书的出版做出贡献的专家顾问、编辑及出版人员表示深深的感谢。同时，祝愿各地贫困群众早日脱贫致富，祝愿新农村建设之路越走越宽广，祝愿农民朋友的生活越来越美好。

《农博士答疑一万个为什么》丛书编委会

2017 年 6 月

# 目录

## 罗汉果

## 金银花

## 半 夏

## 白　术

# 三　七

## 穿心莲

## 巴戟天

## 牛大力

## 鸡骨草

## 金线莲

## 铁皮石斛

# 罗汉果

**1. 罗汉果有什么功效?**

罗汉果是一种名贵药材,性凉,味甘,具有清肺润肠的功能。罗汉果主治百日咳、痰火咳嗽、血燥便秘等症,对于急性气管炎、急性扁桃体炎、咽喉炎、急性胃炎都有很好的疗效;对烟酒过度等引起的声音嘶哑、咽干口渴等症尤为有效;将它的根捣碎敷于患处,可以治疗顽癣、痈肿、疮疖等皮肤病;它的果毛可作刀伤药;将少许罗汉果用开水浸泡饮用,既可提神生津,又可预防呼吸道感染,据说常年服用还有延年益寿的功效。罗汉果汁还可用于烹调,能使菜品清香可口。由于它的功效多,因此罗汉果被人们誉为"神仙果"。

**2. 罗汉果的植株有什么外形特点?**

罗汉果的根为多年生,形状肥大,呈纺锤形或近球形;茎、枝稍粗壮,有棱沟,初被黄褐色柔毛,后毛渐脱落变近无毛。罗汉果的叶柄长 3～10 厘米;叶片膜质,呈三角状卵形或阔卵状心形,长 12～23 厘米,宽 5～17 厘米,先端渐尖或长渐尖,基部呈心形、弯缺半圆形或近圆形,深 2～3 厘米,宽 3～4 厘米,边缘微波状,由于小脉伸出而有小齿,有缘毛,叶面为绿色,叶背为淡绿色;卷须稍粗壮,初时被短柔毛,老后逐渐变为近无毛,在分叉点上下同时旋卷。

罗汉果雌雄异株。雄花序总状,6～10 朵花生于花序轴上部,花序轴长 7～13 厘米;花梗稍细,长 5～15 毫米;花萼筒呈宽钟状。雌花单生或 2～5 朵集生于 6～8 厘米长的总梗顶端,总梗粗壮;花萼和花冠比雄花大。

**3. 罗汉果的果实有什么特点?**

罗汉果的果实呈球形或长圆形,长 6～11 厘米,直径 4～8 厘米,初密生黄褐色茸毛,老后渐脱落而仅在果梗着生处残存一圈茸毛,果皮较薄,干后易脆。种子多数呈淡黄色,近圆形或阔卵形,扁压状,长 15～18 毫米,宽 10～12 毫米,基部钝圆,顶端稍稍变狭,两面中央稍凹陷。果瓤(中、内果皮)呈海绵状。罗汉果的果实气微,味甜,放置时间长了会形成粉末状的果糖结晶。罗汉果的花期为 5～7 月,果期为 7～9 月。

**4. 罗汉果适宜哪种生长环境?**

罗汉果生长在海拔 300～1400 米的亚热带山坡林下、河边湿润地段或灌木丛林中。罗汉果属短日照作物，每日只需 7～8 小时光照，喜湿润多雾、阴凉，其生长要求昼夜温差大，无霜期长，空气相对湿度 75％～85％，雨量丰沛、均匀，年降水量在 1900 毫米左右，忌积水受涝。罗汉果宜生长在疏松肥沃、排水良好、深厚且湿润的土壤中。罗汉果不耐高温和寒冷，气温在 22～28 ℃ 时罗汉果藤蔓迅速生长，气温高于 34 ℃ 时罗汉果植株就会生长不良，而在 15 ℃ 以下的环境中罗汉果植株会停止生长。

5. 罗汉果的品种有哪些？

在生产中，罗汉果的主要栽培品种以果形及果面所被柔毛的不同，分为长果形与圆果形两类。凡是果实椭圆形、卵状椭圆形、梨形、长圆柱形均属长果类，凡是果实呈圆形、扁圆形、梨状短圆形均属圆果类。罗汉果的品种及其特征如下：

（1）青皮果。该品种具有植株健壮、产量较高、适应性强、结果早、丰产性好的特点，品质中等。该品种被广泛应用于生产，无论在山区还是平原都可以种植。

（2）拉江果。又名拉江籽，是广西永福县龙江乡拉江村果农用长滩果的实生苗培育而成。果实呈椭圆形、长圆形或梨形，适应性强，适于在山区和丘陵地区种植，植株长势旺盛，品质好。

（3）长滩果。原产于广西永福县龙江乡保安村长滩沿河两岸，是目前罗汉果栽培品种中品质最好的品种。果实呈长椭圆形或卵状椭圆形，果皮细嫩，有稀柔毛，果顶端略凹陷，果皮有明显的细纹脉。

（4）红毛果。该品种适应性强，植株生长健壮，产量较高，嫩藤蔓和幼果密被红色疣状腺鳞；果实小，形似梨状短圆形。

（5）冬瓜果。该品种植株生长健壮，果实呈长圆柱形，两端齐平，形似冬瓜，种子呈瓜子形；叶片呈三角状心形，果实密被柔毛，产量好，适合种植在低矮山区。

（6）茶山果。原野生于油茶林中，后经人工选择栽培而成。

6. 罗汉果何时进行压蔓繁殖较好？

罗汉果进行压蔓繁殖的时间根据种植地的气候条件而定。一般以旬平均温度 25～28 ℃，即在节气白露至秋分期间为适宜。

7. 如何选择与培育罗汉果的压蔓材料？

选择棚架上下垂的徒长蔓，长势旺盛、粗壮、节间长、叶片小、梢端呈圆形、淡绿色的枝蔓最好，这种压蔓材料具有成活率高、块根增长快、须根多的优点。压蔓材料还可以采取定向培育的方法，即在早茎基部萌生的侧蔓，选留粗壮的一条，让其爬地生长到 80～100 厘米时，对其进行摘心，促其抽出 3～4 条侧蔓培育作为压蔓材料。对优良植株结果多而没有徒长蔓，当年不能进行压蔓繁殖，至翌年早春，将藤蔓下放一部分在地面攀爬，促使藤蔓徒长增粗，形成良好的压蔓材料。为了加速繁殖，当年种的块茎可以不让藤蔓上棚，留其在地面攀爬，及时摘心，促其生长侧蔓，培育压蔓材料。

### 8. 如何对罗汉果进行就地压蔓？

对罗汉果进行就地压蔓，即在压蔓材料就近的地方挖坑进行压蔓。按照压蔓材料的多少，确定挖坑的宽度，一般以 1 条或 3～4 条蔓，在畦上挖一个长 25 厘米、宽 10～20 厘米、深 10 厘米的坑，将藤蔓引入坑内，蔓的顶端放到坑的 2/3 深的地方，每条蔓相距 3～4 厘米，然后轻轻地盖上细土高出畦面 3～4 厘米，并覆盖稻草、淋水、保持土壤湿润，促进新根长出和块茎膨大。

在白露至秋分期间压的蔓，经过 50～60 天便可以采收块茎，靠近地面将藤蔓剪断，拨开泥土便可以取出块茎。剔除病苗后的块茎按照大、中、小分级，放入木箱中沙藏或选择干燥的地方沙藏（沙含水量在 5%～6%，以保持适当湿度），防止霜冻，待用。

### 9. 如何对罗汉果进行空中压蔓？

空中压蔓又称离土压蔓，是以青苔作为培养基的压蔓方法。取长 20 厘米、宽 25 厘米的一张塑料薄膜，上面铺 3 厘米厚的青苔，将选好的压蔓材料的先端放到铺好的青苔面 2/3 的地方，用塑料薄膜将藤蔓卷成筒状，两端用绳索包扎，放到棚架上的阴凉处，避免太阳直射。经 50～60 天时间，到立冬前后，将卷包的块茎从块茎基部剪下，收回室内保藏越冬待用。

### 10. 罗汉果为什么要进行嫁接繁殖？

嫁接繁殖能保持罗汉果的母本性状，具有结果早的特点，有利于更换良种、改造低产园、有计划地繁殖雌雄株和安排花期相遇的父母本品种，以提高罗汉果的品质和产量。

### 11. 如何培育罗汉果砧木？

选用适应性强的青皮果、茶山果、红毛果品种，采用压蔓繁殖或实生苗繁殖的方法培育砧木。采用压蔓繁殖的方法培育砧木，可让块茎生长快、嫁接后能够提早挂果；而采用实生苗繁殖的方法培育砧木，具有植株健壮、根系发达、繁殖系数高等特点，可供大面积嫁接，若采用二年生砧木嫁接，当年就可以结果。

**12. 如何选择罗汉果接穗？**

最好是在罗汉果优良品种上选择叶片大、节间短、茎粗壮、无病虫、半木质化的藤蔓中部作为接穗。将藤蔓顶端3～4节太嫩的剪去，每根梢取藤蔓中部芽眼饱满的8～10节，并剪去叶片的2/3，插入水桶中或用湿润的毛巾暂包备用。

**13. 何时进行罗汉果嫁接最好？**

为了使嫁接苗能在当年开花结果，并在越冬前能形成粗壮的主蔓，以利于安全过冬，罗汉果在上半年嫁接比较好。经试验证明，罗汉果在生长最旺盛的6月上旬的嫁接成活率最高。应选择无风、温暖晴天、阴天进行为宜，高温、干燥、多雨或炎热的中午不宜进行。

**14. 罗汉果有哪些嫁接方法？**

罗汉果的嫁接方法较多，常用的有镶枝嫁接和嵌合嫁接的方法，该方法具有成活率高、剖砧、镶芽容易、砧穗的接触面大、接口愈合好的优点，但砧木须及时抹芽。

**15. 如何对罗汉果进行镶枝嫁接？**

采用单芽镶接，以掖芽为中心，用刀片削去皮层，上、下各留1.5厘米，两端削成楔形。在砧木基部10～15厘米处，选择藤蔓与接穗弯曲度相似的节间，以节间为中心，从上而下纵削一刀，切口长3厘米，切口的横截面应与接穗的宽度相等，切口平滑、两端浅中间略深，使接穗镶接时，砧穗的皮层能对准为宜。在削穗和剖砧完成后，应及时进行镶接，砧穗皮层对准，芽不能侧置，以提高成活率。

**16. 如何对罗汉果进行嵌合嫁接？**

采用单芽接穗，削穗时以芽为中心，在芽的对面纵切一刀，切口长3厘米，在芽的正面上、下各留1.5厘米，两端削成45°斜面。在砧木的基部10～15厘米处，选择较直的节间，用刀片向上、下各切一刀，刀口长3.5厘米，在削口的中部削去0.8厘米皮层，让其接穗的芽眼露出。将接穗的削口对准砧木的切口嵌入，并注意砧穗两边的皮层要对准，如果接穗小于砧木，要靠一边对准。

**17. 如何进行罗汉果腹接？**

采用单芽接法，在芽的上、下方各斜切一刀，切口长2厘米，削成楔形。在砧木节间的上方，靠近芽的一边从上而下纵切一刀，切口长2厘米，然后将接穗插入砧木的切口，使皮层紧密接合，并进行包扎。

### 18. 如何进行罗汉果劈接？

采用单芽接法，将接穗从芽的上、下方两面各削一刀，切口长 2 厘米，使接穗形成楔形。在砧木离地面 10～15 厘米处剪断，从纵切口断面中央用刀片纵切一刀将其破开，切口长 2 厘米，将接穗插入切口，使砧穗两边的皮层对准，如果接穗小于砧木，应将接穗靠近砧木一边，使皮层对准，并包扎紧。

### 19. 罗汉果嫁接后怎么处理？

接穗插入砧木接口以后，应用宽 0.5 厘米的化纤绑带从下而上地、一圈压一圈地往上绕，直至上方刀口。等接穗芽梢长 30 厘米左右时，将绑带解松。为了集中营养供给接穗新梢，应随时注意抹掉砧木上的新芽。

### 20. 如何保护罗汉果嫁接主蔓安全过冬？

为保护罗汉果嫁接主蔓安全过冬，在有霜冻的地区，在罗汉果采收后，嫩蔓逐渐枯死，在立冬以前应在主蔓离地面约 1.5 米处将其剪断，剪口涂上蜡，防止其回干。采用稻草将主茎包扎捆好或用尼龙薄膜套袋保温，也可将主蔓压弯埋入土中保温。但泥土一定要细碎，湿度不宜太大，防止将主蔓沤烂。

### 21. 如何采集与贮藏罗汉果种子？

在罗汉果成熟的季节，应在优良品种中选择植株健壮、丰产性好、无病虫的植株作为采种母株，选果实丰满、具有本品种特征的果实作种，等果柄枯黄、果表皮转黄时采收。种子贮藏的方法如下。

（1）果藏。作种的罗汉果，应带果柄，并保持皮不受损坏，采回后首先放入甲基托布津 500 倍稀释液中浸泡 10 分钟消毒，消除果面的病菌，然后挂到通风处晾干。这种方法，有利于种子的后熟作用，且种子发芽率可高达 70%～80%。

（2）袋藏。将采收的果实，先去掉果皮，放入麻布袋中，在清水中搓洗干净，选出种子，放在室内晾干，后用袋装保存待用。此法贮藏的种子较果藏的发芽率低。

### 22. 如何对罗汉果种子进行催芽播种？

在早春旬平均温度稳定在 15 ℃ 以上时进行催芽。罗汉果种子的种壳坚硬，在催芽前若不将种壳去掉，种子很难吸水，发芽十分缓慢，且不整齐。为此，催芽时应用单面刀片在种子的侧面缝合处轻切一刀，撬开种壳取出种仁，选择饱满的种仁进行催芽。催芽前应先对种仁进行消毒，采用甲基托布津 500 倍液将种仁浸泡 8～10 分钟，然后用冷开水或蒸馏水洗净准备催芽。用竹木器装细沙深 8～10 厘米，在沙面上以 2 厘米×3 厘米的规格摆好种仁，再覆盖细沙 0.5 厘米，保持催芽床的湿润，并用塑料薄膜覆盖，保持催芽床在 25～28 ℃下，5～6 天时间种仁就会发芽。

### 23. 如何准备罗汉果的实生苗苗床？

罗汉果的种子发芽很不整齐，为了培育壮苗应将先萌发的种苗先移栽到苗床中去加强管理。苗床可用腐熟的肥泥（经过消毒）渗 1/3 的细沙，在耕地做成 1.2 米宽的畦，平整畦面。将子叶张开或半张开的幼苗移栽到苗床中去，以 10 厘米×12 厘米的规格进行栽培，移栽后应淋定根水，并保持畦面土壤湿润；也可以将幼苗移栽到 1∶2 的垃圾泥和黄土做成的营养杯中，以便移栽定植。

### 24. 罗汉果的实生苗如何进行假植？

当幼苗长出 5～6 片真叶时可以对其进行假植。假植的目的是鉴别雌雄植株，所以植株的密度较大，规格应为 1 米×1 米，挖个长、宽、深分别为 40 厘米、30 厘米、30 厘米的坑，回填熟泥土和下基肥，每坑种两株，加强幼苗管理，促进早开花，以利于鉴别雌雄植株。待开花、确认雌雄植株后，再进行定植。

### 25. 罗汉果的实生苗幼苗如何管理？

首先，根据罗汉果怕强光又怕旱的特点，在罗汉果实生苗的幼苗期间，太阳暴晒的季节应进行遮阴并经常淋水防旱；其次，注意施稀释的腐熟人畜粪水，也可用 0.5% 的尿素液淋苑，促进幼苗生长，同时注意防治病虫害。

### 26. 如何整理罗汉果的种植地？

按罗汉果的生长特性选择好园地，在 8～9 月砍去杂木，四周开好防火道，然后用火烧山炼地，让土壤暴晒，以加速土壤熟化；秋季对园地进行全垦，深耕 30 厘米以上，清除树根、杂草、石头，以大坯过冬；翌年 2～3 月再深耕一次，将土块打碎整理，然后按等高线开 1.7～2.0 米宽的等高畦，长度随地形而定，如果在平地种植罗汉果，要几经深翻暴晒并整成东西向的深沟高畦，四周开好排水沟，沟宽 25～30 厘米，以便排灌及操作。

### 27. 罗汉果的种植密度以多少为好？

罗汉果一般每亩*栽 400 株左右，即行距 1.7～2.0 米，穴距 1.6～2.0 米，

---

* 亩为常见非法定计量单位，1 亩≈666.67 平方米。为保持作品的原真性和通俗性，本书仍用亩作为单位。

每穴种 2 株。

### 28. 何时栽植罗汉果较好?

早春当旬温度稳定上升到 15℃ 以上，北部寒冷地区于清明前后选择暖和的晴天栽植罗汉果苗，南部地区可提早种植，冬季无霜的地区可在秋冬种植。

### 29. 如何种植罗汉果苗?

挖坑长、宽、深均为 30～35 厘米，每坑放 2.5～3 千克腐熟的猪牛粪与表土拌匀作基肥，覆盖约 10 厘米厚的细土隔离，以免块根接触肥料引起烧伤。种植时将块茎平放，置于畦的下方，顶芽朝外，基部朝里稍低，上覆细土 3～5 厘米，露出顶芽。如果遇到大雨，泥土被冲走，块茎露出，那么应该及时盖土，以免干燥。罗汉果为雌雄异株植物，种植时需配足雄株，一般果园雌雄株配比为 1%～2%。

### 30. 如何给罗汉果搭棚?

以杉木条、杂木条、竹尾或铁丝等材料于出苗前完成搭棚，棚高因人高而定，一般是 1.5～1.7 米，以便于人在棚下耕作为宜。大小以棚下缘平坡下第一畦，上缘从坡上最后一畦向上延伸 2 米，两边平畦边为好。搭法为从上坡逐排往下搭，每排支柱立于畦的中线，支柱间隔视横条长度及粗度而定，一般 2～3 米一个为宜，棚架上放竹尾，竹尾的尾部朝坡的上方，竹尾主干间隔 60～90 厘米。没有竹尾的地方，可换用细铁丝拉成网状架。

### 31. 如何对罗汉果果园及时开蔸?

及时开蔸是促进罗汉果越冬块茎适时萌发抽生健壮良好母蔓，争取母蔓早形成、早上棚、早开花结果的一个重要环节。由于低温和霜雪影响，需培土越冬，开春后气候稳定升到 15 ℃ 以上时才能开蔸，以提高土温，促进块茎萌发。

开蔸宜在温和的晴天进行。把越冬的覆盖物全部除去，扒开土壤检查块茎及根系，如有虫口或腐烂，要用刮刀将腐烂及虫口部切除；如有线虫病状，应连根切除，然后在块茎周围用疏松、新鲜的黄泥土盖上，用腐熟的猪牛粪（2～3 千克）等有机肥加过磷酸钙 100～150 克，与土壤拌匀后在块茎 10～15 厘米处覆盖。平地在两季要防渍水，在植穴旁开一排水水槽。

开蔸后块茎露土程度视早春雨情而定，雨水多、土壤潮湿则宜多露出；反之宜少露出，一般块茎顶部露出整个块茎的 30%～50% 即可。块茎顶端的休眠芽枯萎的块茎在开蔸后还要盖一层 1～2 厘米的细土，以保持湿润，促使块茎上的稳芽萌发。

**32. 种植罗汉果时如何进行保苗、定苗？**

当气温稳定在15℃以上之后，当年种植的幼薯或开蔸后的老薯均会陆续长出新芽，如气候适宜，很快会长成幼苗，但如果遇上寒潮，那么嫩芽往往会被冻死，等到第二次长新芽需要半个月时间，从而会拖延生长季节，最终影响产量。可采用覆土护芽的方法，即让幼芽自行出土；还可以用竹筒套芽法，即用长20厘米、直径10厘米、两头通的竹筒，套在未发芽的罗汉果种薯"鸡头"上，竹筒上方用塑料薄膜封扎好，并在竹筒的四周培土至竹筒的一半高度，如气温过高则解开上方的塑料薄膜通风降温，这样约经1周，芽可长到竹筒高度，这时在下午阳光较弱时进行炼苗2～3天即可。当幼苗长至15～20厘米高时，要进行疏苗，选择一根最粗壮的苗作为主蔓，其余的摘去，如果幼梢基部老化，则用利刀割除。主蔓长至30厘米以上时，在块茎外侧插一根细竹竿，用"8"字形将幼苗轻轻捆于竹竿上，使幼苗沿竹竿攀缘上棚。以后每长高35厘米捆一道，不让其下垂乱攀或者被风吹断，并且将在棚架以下主蔓上所有萌发的腋芽全部摘除，这样有利于主蔓生长健壮。

**33. 罗汉果果园如何进行中耕松土？**

一般罗汉果果园每年应中耕3～4次。第一次中耕在薯蔸即将萌发新芽时进行（3月中旬至4月上旬），耕深30厘米左右为宜，以检查薯蔸的好坏，对已丧失生长能力的薯蔸要进行更换，将一些老残病根挖掉，把越冬覆盖的土和草屑扒开一些，只留厚3.3厘米左右的松土，并将薯块顶端露出30％以上。第二次中耕在5月下旬至6月上旬，抓紧时间进行浅中耕，结合清除杂草，防止雨后土壤板结而出现死蔸现象。第三次中耕在7月下旬至8月上旬，疏松土壤、清除杂草、促进植株生长发育。

**34. 如何给罗汉果施基肥？**

基肥是罗汉果植株一年生长的基础肥。宜早施、深施，3月上旬开蔸时结合根系更新施放。于地上坡离块茎10～20厘米处开1条深20～30厘米的半圆形沟，切断部分老根，每株用腐熟的猪牛粪2～3千克和钙镁磷肥（或过磷酸钙）100～150克与细土拌匀施下，回土覆盖肥料。

**35. 如何给罗汉果追催蔓肥？**

罗汉果自发芽至开花前（4～5月）为藤蔓生长期。为了使藤蔓迅速生长，促发健壮侧蔓，为开花结果打下良好基础，需要给罗汉果追施催蔓肥。每株用腐熟的人畜粪水 0.5～1 千克，对水 1.5～2 千克，浅沟追肥 2 次左右。第一次在苗长 30～40 厘米时施下，第二次在主蔓上棚时施下。但是还应根据幼苗长势强弱，适当增加或减少施肥次数。

**36. 如何给罗汉果追催花肥、壮花肥？**

5～7 月是罗汉果的初花期和盛花期，宜增加施肥量。在现蕾期，每株施腐熟的桐麸 0.5～0.75 千克，腐熟的猪牛粪 1.5～2 千克。以后每隔 10～15 天追施 1 次人畜粪水。如果植株花果多，可适当增加施肥次数。

**37. 如何给罗汉果施壮果肥？**

8～9 月是罗汉果大批果实迅速发育的时期。为了促进果实膨大、减少小果、增加花数、提高产量，宜施 1～3 次壮果肥，以人畜粪水为主，适当增施磷钾肥。

**38. 如何给罗汉果施冬前肥？**

罗汉果经过长达一年的生长和结果，消耗养分多。采果后至落叶休眠前，宜施速效性肥料（每株施人畜粪水 1.5～2.5 千克）补充养分，可延迟罗汉果落叶、提高罗汉果的抗寒力。促进块茎增加养分贮备，以利于次年早出壮芽。

**39. 罗汉果花果期如何进行根外追肥？**

在罗汉果花果期要进行根外追肥。可用 0.3％～0.5％过磷酸钙渗出液，或 5％人尿，或 0.1％～0.2％硫酸钾溶液，或 0.05％～0.1％磷酸二氢钾溶液，或 1％～2％草木灰浸出液，在花果期每 7～10 天喷 1 次，连续喷 3～5 次，可以促进开花、提高结果率和促进幼果膨胀。

**40. 罗汉果果园如何进行灌溉与排涝？**

罗汉果喜湿润，忌积水，怕干旱。因此，在生长前期的 4～6 月的梅雨季节要注意排水，尤其是平地或低丘栽培的果园，如连续阴雨积水，应在穴边开 1 条排水槽。如果遇到当地的干旱季节，必须抓好灌溉工作或适时进行叶面喷水。

**41. 罗汉果果园如何搭配雌雄株？**

（1）一般罗汉果园种植株数在 400 株以上的，每 100 株雌株应搭配 1 株雄株；种植株数在 300 株以内的，每 60～80 株雌株应搭配 1 株雄株，以保证雌株的整个花期有足够的花粉授粉。

（2）幼龄雄株和老龄雄株要搭配，以保证雌雄植株在花期充分相遇。

（3）采取高节位与低节位留芽长苗。高节位（冬季留长蔓过冬）留芽长苗上棚早、开花早，但花期短；低节位留芽长苗则上棚迟、开花晚，但花期长。两者配合，可调整花期，使雌雄花期相遇。

**42. 罗汉果为什么要进行人工点授花粉？**

罗汉果中青皮果、拉江果、长滩果和冬瓜果等品种都是雌雄异株的，在生产中依靠昆虫传粉受精成功的概率很低，结果的概率也较低，因此，需要人工辅助授粉来促进植株结果、增加产量。

**43. 如何进行罗汉果雄花粉的采摘？**

在清晨 5～6 时，选择采摘含苞待放或微开的健壮雄花苞，并将其放置于阴凉处备用。注意采摘时间不能过晚，否则会因野蜂等昆虫爬过雄花带走部分花粉而造成雄花花粉不足，影响当日点授花量和结果量。

**44. 何时是罗汉果人工点授花粉的最佳时机？**

在 6～7 月罗汉果的开花结果盛期要抓紧时间做好人工点授花粉工作。清晨到中午前是点授花粉的最佳时机。

**45. 如何对罗汉果进行人工点授花粉？**

选择备用雄花，左手翻开雄花的花瓣，右手用剪去笔尖的毛笔，刮取雄花花粉，轻轻地粘在雌花的柱头上即可完成一朵雌花的授粉工作。点授花粉后，若遇中雨以上降水的，应在 2～3 日内天气无雨的时段补授粉一次。为了提高花粉的活力，应备一份白糖与硼砂的混合液（配方为：水 5 千克、白糖 50 克、硼砂 5 克），在刮取花粉前，将毛笔点少量混合液后再刮花粉，这样授粉的效果会更好。一般一朵雄花可点授 6～10 朵雌花，授粉量越多，结实率、大果率会相应增多。若雌花开的数量多，应增加点授花粉的人数，要在中午前完成对当天已开雌花的点授工作。

**46. 对罗汉果进行人工点授花粉应注意什么？**

（1）当日采摘的雄花要当日用完，不宜留到第二天用。

（2）授粉要有顺序地分行分架、从上往下逐个点授，以免重复和遗漏。

（3）当雌花的柱头萎缩，说明已经点授成功，否则应补授。

（4）花粉点授工作要待雌花开放基本结束方可完成。

（5）后期开的雌花结的是小果等次果，可依据情况放弃授粉或摘除雌花，以减少养分消耗。

### 47. 如何对罗汉果植株进行越冬管理？

立冬过后，用刀将罗汉果的主蔓茎部上 10～15 厘米处割断，将藤蔓轻轻压倒，每蔸施腐熟的牛栏粪 3～5 千克，与土拌匀后施在株蔸周围约 35 厘米的范围内作保温肥，将藤蔓和块茎覆盖厚约 20 厘米的土，再用杂草盖在薯蔸上，在草上再盖上厚约 15 厘米的土，如遇霜雪交加，上面可盖塑料薄膜（要留气孔），以保温防冻。同时疏通果园排水沟，防渍水泡根、烂薯。需要特别注意的是，不能将主蔓折断或从块茎相接处扭断，这样就失去了保护主蔓越冬的作用。

此外，冬季要将棚架上干枯的枝蔓清除，集中烧毁，并用农药喷棚消毒，消灭越冬害虫，减少虫源。

### 48. 罗汉果何时采收为宜？

罗汉果的熟期因品种的不同而不同，长果形罗汉果从受精到成熟需要 70～75 天，圆果形罗汉果需要 60～65 天。采收时主要观察果实的长相特征，根据果色、果柄和果实弹性作为判断罗汉果是否成熟的主要标准；果皮由浅绿转为深绿，间有黄色斑块，果柄近果蒂处变黄，用手轻轻捏果实具有坚硬感并富有弹性，即为成熟果实。采收时，应选择晴天或阴天，雨天或露水未干时不宜采收。采收时用剪刀平表面将木柄剪断，避免互相刺伤果皮，同时，采收下来的罗汉果要轻拿轻放，用硬件包装，不宜用麻袋等软件包装，防止挤压损伤造成破果。

### 49. 罗汉果采收后为什么要糖化后熟、发汗？

刚采收回的罗汉果，含水量高，糖分尚未完全转化，如立即进入烘烤加工，容易出现爆果和果实甜味不够的现象，所以必须经过一段时间的糖化后熟、发汗过程。具体做法是将刚采回的果实平铺在室内通风阴凉处，可叠 2～3 层，3～4 天翻动一次，让其水分自然蒸发，使其内部糖分自然转化。在室内需要 7～10 天，使果实表面有 50% 呈现黄色，含水量蒸发去掉果重的 10%～15%，即可进入烤房烘烤。

### 50. 罗汉果如何进行加工？

鲜罗汉果果皮致密，水分含量高达 70%～80%，很难干燥。根据加工技术和产品品质的差异，干罗汉果可分为第一代干罗汉果、第二代干罗汉果和第三代干罗汉果。

（1）第一代干罗汉果：传统干罗汉果。

传统干罗汉果采用将糖化后的果实，按照大、中、小分别装入烘房，点火升温干燥的方法。在烘烤过程中，温度要经过低温→高温→降温三个过程。第一阶段以 45～50 ℃维持 2～3 天，使水分逐步蒸发（注意打开气窗，让水蒸气排出）；第二阶段将温度逐步提高到 65～70 ℃，持续 2～3 天，使水分蒸发（同样要注意打开气窗）；第三阶段将温度降到 55～60 ℃，继续烘烤 2 天，使果实的重量下降到相当于鲜果重量的 25%～30%，即可停火，随后自然降温、出炉。这一干燥技术沿用了上百年，其优点是以木材、木炭或煤为燃料，烘房简单，生产成本很低；但缺点也非常突出——鲜罗汉果不管品质优劣，经过长时间高温烘烤，得出的产品都是黑乎乎的一个样子，所以如果我们参观传统干罗汉果的生产作坊，经常会发现霉烂果、死藤果、未成熟果夹杂在原料果当中。这就使得第一代干罗汉果的价格很便宜，但品质无法保证。

（2）第二代干罗汉果：包括中温控湿果（也称"低温干燥果"）、冻干果和微波果。

秋天的衣服比春天的容易干，这是因为春、秋两季空气中的湿度有差异，同理，借助除湿机就可以降低鲜果的干燥温度、减少干燥时间，这种使用除湿机干燥的罗汉果就称为中温控湿果，第二代干罗汉果以中温控湿果为主。此类罗汉果果皮呈棕色、果瓤呈黄色，吃起来存在麻舌感，且甜度不理想。

冻干果和微波果都是利用真空状态下水分容易蒸发的原理，因为温度较低，所以干果的颜色与鲜果接近，从青色至黄色都有。这两种果的甜度较中温控湿果有优势，但加工后会留下 2～4 个大洞，显然不利于储存。由于罗汉果在野外需生长 80 天以上，表皮绒毛多，藏污纳垢（细菌、霉菌、鸟粪、虫粪、农药等）严重，这两种果的打孔过程极易将污垢带入果实内部，既造成部分果瓤流失，又污染了果瓤，使其容易发霉变质。同时，由于加工技术的局限性，一部分果子会有麻舌的口感，对口腔会有一定的刺激作用。

（3）第三代干罗汉果：甜沃罗汉果（也称"无绒毛罗汉果"）。

第三代干罗汉果很容易识别出来，它的特点是没有绒毛，表面光洁。实验表明，鲜罗汉果被打磨掉表皮后，自然就可以风干。所以，第三代干罗汉果有两大突出优势，即安全卫生、有效成分保留得更多。但在打磨过程中，罗汉果果皮很容易破裂，并且有的鲜罗汉果外观正常，经打磨后才能看出已发生霉变，所以第三代干罗汉果成品率偏低；加上需要配备瞬间将酶杀灭的专业设备，生产成本很高。因此，第三代干罗汉果售价明显高于第一、第二代干罗汉果。

**51. 罗汉果有哪些主要病害？**

罗汉果主要病害有根结线虫病、疱叶丛枝病、白绢病、白粉病、日灼病、芽枯病等。

**52. 如何防治罗汉果根结线虫病？**

罗汉果根结线虫病，平时也叫"起泡""泡颈"病，其防治方法如下。

（1）选择无病植株繁殖种薯，建立抗病力强的无性子。

（2）调种时，实行严格检疫，发现带病种薯不许调种，防止病害扩散蔓延。

（3）选用新开荒地种植罗汉果，下种前必须翻土2～3次，让日光暴晒杀死虫卵，有条件的地方应在下种前10天用溴甲烷或氯化苦熏蒸土壤。

（4）厩肥需经高温堆沤腐熟，施肥时注意肥料与种薯相隔17厘米远，不要让肥料粘上种薯，避免肥料带病和其他人为传播的病原。

（5）在罗汉果的生长季节，每年晒块茎2～3次，杀死附在种块茎表面的虫卵，增强种块茎的抗病能力。

（6）药剂防治。经常注意检查，发现病害，及时用波尔多液（用0.5千克生石灰、0.5千克硫酸铜和50升水混合）淋兜。先用小刀削下受害部分再淋效果较好。

**53. 如何防治罗汉果疱叶丛枝病？**

罗汉果疱叶丛枝病俗称"油渣叶"，是罗汉果广泛流行的病毒性病害，近几年来成为罗汉果生产中最为严重的病害之一。发病初期症状表现在嫩叶上，叶脉间褪绿，新叶表现畸形，也有呈缺刻或线形的，叶肉隆起成疱状，叶片变厚粗硬、褪绿呈斑状，导致叶片黄化、叶脉短缩、休眠腋芽早发而成丛枝，叶序混乱，植株生长严重被抑制，果实整齐度差、产量和品质降低。其防治方法如下。

（1）种植无病种块茎（苗），在远离生产区建立无病种苗地，或者用茎尖脱毒的组织培养和实生苗作生产用种苗。

（2）增施磷钾肥料，提高植株抗病能力。

（3）清除病株。勤检查，发现严重的病株要及时拔除、集中烧毁，防止病害蔓延。

（4）药剂防治。定期用40％乐果2000倍液，或敌百虫1000倍液，消灭传毒棉蚜虫，预防昆虫传播病毒。

### 54. 如何防治罗汉果白绢病？

罗汉果白绢病又叫烂茎块病，主要为害罗汉果茎基和块茎，被害病株初期无明显症状，发生后期被害部位生有白色菌丝体，棉毛状，呈辐射状向四周地表蔓延，严重时呈小颗粒的菌核，为茶褐色。最后导致受病植株枯萎，死亡。其防治方法如下。

（1）加强排水和中耕除草，防止土壤板结。雨后松土尤为重要，以利于土壤通气，减少土壤表里温差。

（2）春季晒块茎。春天扒土晒块茎，可以促进块茎表皮老化，防止病菌侵入及延缓根部腐烂，避免死苗。

（3）挖出病块茎。发现块茎发病后，应将其挖出，削去病斑和腐烂部分，用0.01%的高锰酸钾溶液洗净，涂上桐油或用50%退菌持可湿性粉剂500倍液浸病茎20～30分钟。

（4）用石灰水加少量食盐浸薯24小时，也可以达到杀菌目的。

### 55. 如何防治罗汉果白粉病？

罗汉果白粉病主要发生在罗汉果叶、嫩茎、花柄、花蕾、花瓣等部位。发病初期为黄绿色不规则小斑，边缘不明显；随后病斑不断扩大，表面生出白粉斑，最后长出无数黑点；染病部位变成灰色，连片覆盖其表面，边缘不清晰，呈污白色或淡灰白色；受害严重时，叶面皱缩变小，嫩梢扭曲畸形，花芽不开。防治方法如下。

（1）冬季清园。冬季清除果园内枯枝落叶，并集中烧毁，减少越冬病原菌。

（2）适当密植。使果园内通气透光良好，植株生长中后期增施磷钾肥，少施氮肥，增强植株抗病力。

（3）药剂防治。发病初期喷洒50%甲基托布津可湿性粉剂800～1000倍液，或50%亮封（醚菌酯）3000倍液，每7～10天喷洒1次，连续喷洒2～3次。

### 56. 如何防治罗汉果芽枯病？

罗汉果芽枯病是近年来在我国罗汉果主产区出现的新病害，是缺硼导致的生理性病害，由于气温过高、日久干旱引起罗汉果植株生理产生障碍，从而造成了一种以生理性失调为主的复合病害，为害比较严重。该病害发病时，植株的嫩叶黄化，顶芽先呈棕红色、质脆、易折断，然后枯死，枯死后的顶芽呈褐色至黑褐色、直立或下弯；新长出的腋芽不久后也会枯死，发病严重时植株自上而下枯死，不能正常开花结果，或者能结果但果柄枯死、果实过早发黄，切开病株块茎，可观察到其内部组织发生褐变。该病害一般在每年的 6 月中下旬发生。防治方法如下。

（1）施用基肥时，按每亩 0.5～1 千克的用量，将适量的硼砂或硼酸混入其他肥料拌匀，一同施入。适当施用石灰可减轻由于基肥用量过多或不当而引起的毒害。

（2）可采用浓度为 0.05％的硼砂或硼酸溶液，浸泡种苗 5～6 小时后种植。用 0.1％～0.2％硼砂或硼酸溶液，于罗汉果生长期每半个月喷施 1 次。

（3）在沤制基肥时加入少量石灰，降低肥料的酸度并提高钙的含量，可促进植株对钙的吸收。

### 57. 如何防治罗汉果果实蝇？

罗汉果果实蝇属双翅目蝇科，是罗汉果果实的一种重要害虫。在我国南方分布很广，尤其是在广西桂林的永福、临桂等老产区发生普遍，对果实类作物为害十分严重。其为害特点是使罗汉果未熟先黄早落。该虫主要以幼虫为害果实，成虫将卵产于果中，卵孵化后幼虫便在果内蛀食为害，使果实腐烂、早落。受害果果面有针状小圆孔，也会有黄色胶状液渗出，初期不易被发现，后期受害果会出现未熟先黄、黄中带红的现象，影响果实的商品价值，导致果实减产。该虫潜伏在枯枝落叶或土壤中越冬，翌春为害罗汉果棚下的间作作物，尤其是早春的瓜类，等到罗汉果开始挂果后，转移到罗汉果上。成虫一般在午前羽化，以 8～10 时羽化最多，雌雄比接近 1：1，但雄蝇稍多，成虫羽化后经历一段产卵前期，其长短随季节而有显著差异，夏季为 15～20 天，冬季则需 3～4 个月。7～9 月为成虫产卵期。在晴天气温较高时，成虫活动频繁，于午后或黄昏交尾，产卵时雌蝇用产卵管刺入果皮内，形成产卵孔，每个孔产卵几粒至 10 多粒不等。卵在罗汉果内孵化成幼虫，每个果内有幼虫几头至 120 多头，幼虫主要取食罗汉果瓤，破坏其组织，后期果柄处产生离层，提前脱落，幼虫即随果落地，数日后老熟幼虫出果皮入土化蛹，入土深度 3 厘米左右，也有少数幼虫在果内化蛹。其防治方法如下。

（1）加强果园管理。增施腐熟有机肥，合理灌溉，提高树体抵抗力，增强树势。科学修剪，剪除病虫枝及茂密枝，调节通风透光，结合修剪，清理果园，将落果拣出并且销毁，减少虫源。

（2）加强植物检疫工作。调运罗汉果和苗木时必须经植检部门严格检疫，如发现害虫，须经有效处理后方可调运。

（3）避免在罗汉果果园边或棚下种植瓜果类作物。

（4）冬季深翻土壤，进行消毒，减少虫源。

（5）用香蕉或菠萝皮 40 份、90％敌百虫 0.5 份、香精 1 份，加水调成糊状制成毒饵，涂在瓜棚篱竹上或装入容器挂于棚下诱杀果实蝇。

（6）在成虫盛发期，在中午或傍晚施用灭杀毙 6000 倍液或 80％敌敌畏乳油 1000 倍液防治。

### 58. 如何防治罗汉果黄瓜虫？

黄瓜虫一般在 7～9 月为害罗汉果果实。用 90％敌百虫 50 克、红糖 1 千克对水 50 千克喷洒，每 5～7 天喷洒 1 次，连续喷洒 2～3 次可杀成虫。

### 59. 如何防治罗汉果钻心虫？

罗汉果钻心虫主要为害罗汉果的藤蔓，可用敌敌畏或乐果对水喷杀，或人工把幼虫杀死。冬季把枯藤全部烧掉，不让虫体越冬。

### 60. 如何防治罗汉果其他害虫？

罗汉果其他害虫如椿象、叶蝉、蚜虫、金龟子、天蝼、毒蛾及蜗牛等，虫少时结合管理工作及时捕杀，虫多时要配合农药防治。但农药用多了，会造成农药残毒等弊端，故在做好防治工作和早治的基础上，最好是结合保护和饲养青蛙、彪文蛙、泽蛙、树蛙、螳螂等害虫天敌，开展生物防治。

# 金银花

1. 金银花有什么功效？

金银花中的抗菌有效成分以氯原酸和异氯原酸为主，药理试验表明其对多种细菌有抑制作用。金银花味甘，性寒，有清热解毒的功能，可治温病发热、风热感冒、咽喉肿痛、肺炎、痢疾、痈肿溃疡、丹毒、蜂窝组织炎等症。

2. 金银花的植物有什么外形特征？

金银花藤长可达9米，茎中空，多分枝。叶对生，呈卵形或长卵形，长3～8厘米，宽1～3厘米，嫩叶有短柔毛，背面呈灰绿色。花成对腋生或生于花枝的顶端，苞片2枚叶状，花梗及花都有短柔毛，花冠初开时呈白色，经2～3天变为金黄色，故有金银花之称。浆果呈球形，熟时呈黑色，有光泽。

3. 金银花有哪些品种？

金银花来源于忍冬科半常绿缠绕灌木忍冬、红腺忍冬、山银花和毛花柱忍冬，以干燥花蕾入药，别名银花、双花、二宝花，在我国的栽培历史已有200年以上，全国大部分地区均有种植，其中以河南密县的密银花和山东平邑、费县的东银花最为著名，这两个主产区的金银花均来源于生产上的主栽种忍冬（本节主要介绍忍冬）。金银花品种较多，目前山东金银花主产区有以下两个较好的品种。

（1）大毛花。俗称毛花，墩形矮大松散，花枝顶端不生花蕾，花蕾生于叶腋间，花枝壮旺，花蕾肥大，枝条较长，易缠绕，开花较晚，根系发达，抗旱、耐瘠薄土壤，适于在山岭、田间、地堰栽培。

（2）鸡爪花。花蕾生于花枝的顶端，集中丛生，犹如鸡爪，枝条粗短直立，墩形紧凑，开花期早于大毛花，但花蕾较小，适于在田间密植。

4. 金银花的生长习性如何？

金银花根系发达，细根很多，生根力强，插枝和下垂触地的枝在适宜的温湿度下不足15天便可生根。金银花为十年生植株，根冠分布的直径可达300～500厘米，根深150～200厘米，主要根系分布在10～50厘米深的表土层，须根则多在5～30厘米的表土层中生长。根以4月上旬至8月下旬生长最快。一年四季只要有一定的湿度，一般气温不低于5℃，金银花便可发芽，春季金银花芽萌发数最多。幼枝呈绿色，密生短毛，老枝毛脱落，树皮呈棕色，而后自行剥裂，每年待新皮生成后老皮脱落。

金银花喜温和的气候，生长适宜温度为 20～30 ℃，喜湿润的环境，以湿度大而透气性强为好。但土壤湿度过大会影响其生长，容易导致其叶片发黄脱落。金银花适合长日照，光照不足会影响植株的光合作用，从而导致叶小、嫩枝细长且缠绕性更强，花蕾分化减少，因此，应将其种植在光照充足的地块，不宜和林木间作。

金银花生命力较强，耐旱、耐寒、耐瘠薄、耐盐碱。叶子在 −10 ℃ 以下的环境下不凋落。种子在 5 ℃ 左右的环境下可发芽，并可在含盐量 0.3% 左右的地区生长。

**5. 栽培金银花怎么选地、整地？**

金银花对土壤要求不严，在荒山、地堰均可栽培，以砂质壤土为好，土壤 pH 值为 5.5～7.0 均适合金银花生长。最适合金银花生长的土壤是土壤肥沃、土层深厚、质地疏松的砂质土壤，种植前每公顷施厩肥 30～45 吨，耕深 25～30 厘米，耙细、整平，浇透水，可做畦或不做畦。

**6. 金银花种子育苗怎么选择育苗地？**

育苗地宜选择在种植地附近、地势平坦、有水源且灌溉方便、土质疏松肥沃、排水良好的沙质壤土。选好育苗地后，深翻土 30 厘米以上，耙碎整平，每亩施腐熟厩肥或堆肥 1500～2000 千克作基肥。然后浅犁耙 1 次，做宽 100～120 厘米、高 20 厘米的畦作为金银花播种育苗用的苗床。

**7. 金银花种子育苗怎么选种？**

在每年 11 月，当金银花果实充分成熟、颜色变为黑色时将其采收。收回的果实放入清水中揉搓，去净果皮和果肉，把浮于水面的不饱满种子（秕粒）除去，捞出沉于水底、颗粒饱满的种子晾干（忌暴晒）留做播种用。

**8. 如何进行金银花播种育苗？**

金银花种子育苗可在当年采收种子时随收随播种，也可以将种子留到翌年春季播种。播种前，先用 40 ℃ 温水浸泡种子 24 小时（中间换水 1 次），浸泡好后将其捞出，以 1 份种子 5 份湿沙的比例混合催芽，当有 50% 的种子出现裂口时即可播种。在苗床上按行距 20 厘米每畦划 3 条浅沟，将种子均匀撒入沟内，覆细土填平畦面，然后盖一层薄草。每公顷用种量约 15 千克。播种后，适时淋水，保持畦土湿润，10 天后就能陆续出苗。出苗后可将盖草揭除。苗长高 15 厘米时进行追肥，每亩施稀薄人畜粪水 1000 千克，追肥同时将顶芽摘除，促进侧芽长出、萌发新枝。在幼苗生长期，勤中耕除草，做好病虫害防治，翌年春季就可出圃移栽到种植地。

### 9. 金银花如何进行直接扦插繁殖?

水利条件好的地方，一年四季均可进行金银花直接扦插繁殖，一般在雨季进行或初冬结合剪枝进行。选择健壮、无病虫害、开花多的 1～2 年生枝条截成30～35 厘米，摘去下部的叶子作插条，随剪随用。在整好的土地上，按行距 165厘米、株距 150 厘米挖穴，穴深 16～18 厘米，每穴 5～6 根插条，分散开斜立着埋于土内，地上露出 7～10 厘米左右，栽后填土踩实。如果遇到干旱年份，则要栽后浇水，以提高成活率。具体行株距可以依地形而异。

### 10. 金银花如何进行育苗扦插繁殖?

为了节约金银花枝条且便于管理，常采用育苗扦插繁殖，其方法如下。

选择浇水方便的地块，深翻整平，用土杂肥作基肥。7～8 月间按行距 23～26 厘米开沟，沟深 16 厘米左右，株距 2 厘米，把插条斜立着放到沟里，然后填土、盖平、压实。栽后浇一遍水，以后若天气干旱，每隔 2 天要浇 1 次水，保持土壤湿润。半个月左右即能生根发芽，第二年春季或秋季移栽。

### 11. 金银花何时嫁接较好?

金银花嫁接在春、夏、秋三季均可进行，但以在秋季嫁接较多，一般在夏末秋初枝芽已经发育完全、树皮容易剥离时进行。选择当年生、健壮、芽饱满的枝条作为接穗，去叶后将叶柄用湿草帘包好泡于水中，以备取芽片用。选取 2～3 年生的苗木作为砧木，砧木树龄不宜过大，否则树皮增厚，不易包严，影响成活。

### 12. 山区栽培金银花如何管理?

山区土壤瘠薄，水利条件差，金银花长势相对弱，因此，在管理上新栽植株以轻剪、定形、促生长为主，投产植株以轻剪促稳产、高产为主。移栽生长 1 年的植株要在冬季或春季萌动前将枝条上部剪去，留 30～40 厘米培养作为主干，以后每年春季注意将新发的基生枝条及时除去，留好侧枝，通过多年修剪，使之主干明显，枝条分布均匀、生长旺盛，呈伞形。投产植株采花后，剪去花枝节上部，剪后以枝条能直立为度，同时剪去枯老枝、过密枝，以保持其旺盛的生命力。通过剪枝，改善通风透光条件及植株内部的养分分配，减少病虫害的发生，在其他条件相同的情况下，山区剪枝的植株比不剪枝的植株增产 20%～30%。

冬季封冻前要培土，防止根部受冻害。春初，在距植株 30 厘米处开环形沟，深 15 厘米，沟内施肥，然后覆土。施肥量视花墩大小而定，一般 5 年以上花墩每株施土杂肥 5 千克或碳酸氢铵 50 克。如长势旺盛或土质肥沃，则不宜施氮肥。施肥后将植株周围整成鱼鳞坑式，以保持水分。

### 13. 平原栽培金银花如何管理？

平原土层肥沃深厚，水利条件好，所以管理上以剪枝定型为主，选节间短、直立性强、开花多的品种，保证稳产、高产。平原栽培金银花，通过 4 年的整形修剪，主干高 30～40 厘米，直径 6～8 厘米，主干以上有数条粗壮的侧干，侧干上密生花枝，整个植株呈圆锥形，株高 1.5～1.7 米，枝条分布均匀。栽培 5 年每公顷产干花 2.25 吨。具体做法如下。

第一年和第二年培养主干及选留二级干枝。冬季在主干上 30～40 厘米处留 4～7 条强壮枝条，枝条间保持适当角度，其余枝条全部剪去，保留 5～7 对芽，然后再剪去枝条上部，使二级干枝固定下来。第三年除补定、调整二级干枝外，主要是选留三级干枝，在每个二级干枝上，本着留强去弱的原则，留 3～5 条健壮枝作为三级干枝，整株选留三级干枝 20～30 条。每条三级干枝选留 4～6 个饱满芽，上部枝条全部剪去，以固定三级干枝，整个株型也基本培养好。第四年开始进入正常产花树龄，修剪时除调整三级干枝外，主要是选留花枝母枝及花枝上的饱满芽数。同样以留强去弱的原则，每条三级干枝留花条母枝 4～6 条，整株花条母枝控制在 100 条左右，选留下来的花条母枝除留下 4～6 对饱满芽外，其余全部剪去，以利于抽出花芽，为丰收奠定基础。第五年，进入丰产期，修剪时除继续调整三级干枝外，主要是留花条母枝，做到每年更换，保留强枝、旺枝，以利于抽出花枝。每次开花后，修剪花枝，以剪枝后枝条能直立为度。通过剪枝，再结合浇水、施肥，促使侧芽形成旺盛、整齐的新花枝，同时开花时间相对集中。这样一年可采收 4 次。

### 14. 金银花如何进行冬季修剪？

金银花在 12 月至次年 2 月进行 1 次冬季修剪。修剪方法：根据植株的自然生长情况，适当保留几根主枝，将生长发育差的弱枝、过密枝、徒长枝和病株，用剪刀从基部往上约 30 厘米处剪去（嫩枝条也宜剪去顶端），让枝条下部逐渐粗壮。修剪原则：对枝条长的老花墩，要重剪，截长枝、疏短枝，截疏并重；对壮花墩，以轻剪为主，少疏长留。对已搭支架靠缠绕生长的枝藤，应该将其修剪为呈灌木状的伞形，使之中央高、四周低，以加强花丛内通风透光，减少病虫害发生，促进花丛长势良好。对未搭支架全部靠在岩石上攀援生长的枝藤，除多保留几根主枝和任其四方伸展开花外，其枯老枝、过密枝、徒长枝、病虫枝和弱枝，也要修除，将其烧毁。

### 15. 如何给金银花追肥？

金银花植株在整个生长期需要足够的肥料，在其开花期植株要消耗大量营养物质，采花以后必须及时追施肥料，以恢复它的正常生长。肥料的种类，可混合使用土杂肥和化肥，其数量根据花墩大小而定。一般每丛花每次施堆肥或人畜粪水 15～20 千克，尿素 50～100 千克。小花墩者，施肥量可酌情减少。进入秋冬以后，每丛花再施一次厩肥和草木灰混合肥 20～25 千克。在距离根部 50～100厘米的地方开环沟施放。施完肥料以后进行 1 次培土，有利于肥料充分腐烂生效，促进金银花生长。

### 16. 如何对金银花进行复壮？

对老花丛，应予更新复壮，操作方法是在入冬以后至春季萌动前，将离地面约 30 厘米的主干处砍断，再在植株周围直径 100 厘米内把土挖松，每个花丛用厩肥、堆肥、草木灰等混合肥 15～20 千克，在距离主干 30 厘米外围撒开，翻入土内，另外再施入人畜粪水 10 千克或尿素 0.5 千克，然后培土。待主干新芽长至 30 厘米高时，选 3～5 条壮芽留下，其余抹除，使壮芽长成新枝，形成新的花丛。

### 17. 如何给金银花施肥、浇水？

水肥充足是取得金银花高产的关键。早春解冻后，5 年以上的花墩每公顷追施豆饼 750 千克，加适量的土杂肥，在植株旁开沟施入；每次采花后，每公顷追施尿素 225 千克。封冻前追施 1 次，将土杂肥均匀地撒入地面，在距金银花植株约 30 厘米处，深翻 25 厘米，使土肥混合均匀，并切断老侧根、促发新根，起到暖根肥棵的作用。每次施肥和解冻后各浇 1 次透水，以促进枝叶萌发。

### 18. 金银花有哪些病虫害？

金银花病害较少，主要有金银花褐斑病、白绢病和白粉病；虫害为害较严重，主要有蚜虫、咖啡虎天牛、木蠹蛾、尺蠖等。

### 19. 如何防治金银花褐斑病？

金银花褐斑病是一种真菌病害，其在金银花上发病后，金银花叶片上病斑呈圆形或受叶脉所限呈多角形，黄褐色，潮湿时背面生有灰色霉状物。7～8月发病重。防治方法：清除病枝落叶，减少病菌来源；加强栽培管理，增施有机肥料，增强抗病力；用3％井冈霉素50毫克/千克的溶液或1：1.5：200的波尔多液在发病初期进行喷雾，隔7～10天喷1次，连续喷2～3次。

20. 如何防治金银花白绢病？

金银花白绢病主要为害金银花植株的根茎部。该病在高温多雨时易发生，幼花墩发病率低，老花墩发病率高。防治方法：在春、秋两季扒土晾根，刮治根部，用波尔多液浇灌，病株周围开深30厘米的沟，以防止病害蔓延。

21. 如何防治金银花白粉病？

金银花白粉病主要为害金银花植株的新梢和嫩枝。防治方法：施有机肥，提高抗病力；加强修剪，改善通风透光条件；结合冬季修剪，尽量剪除带病芽、越冬菌源；早春鳞片绽裂、叶片未展开时，喷0.1～0.2波美度石硫合剂。

22. 如何防治中华忍冬圆尾蚜和胡萝卜微管蚜？

中华忍冬圆尾蚜和胡萝卜微管蚜主要以成虫、若虫刺吸金银花叶片的汁液，使叶片卷缩发黄，若植株在花蕾期被害，则花蕾畸形；这两种虫在为害过程中分泌蜜露，导致煤烟病发生，影响叶片的光合作用。胡萝卜微管蚜于10月从第一寄主伞形科植物上迁飞到金银花上雌雄交尾产卵越冬，5月上中旬为害最烈，严重影响金银花的产量和质量，6月迁回至第一寄主上。防治方法：用40％乐果乳剂1000倍液，或80％敌敌畏乳剂1000～1500倍液喷雾，每隔7～10天喷1次，连续喷2～3次，最后一次用药要在采摘金银花前10～15天进行，以免农药残留而影响金银花质量。

23. 如何防治咖啡虎天牛？

咖啡虎天牛是金银花的重要蛀茎性害虫。据调查，10年以上的花墩被害率高达80％，被害后金银花长势衰弱，若连续几年被害，则会整株枯死。其初孵幼虫先在木质部表面蛀食，当幼虫长到3毫米左右就会向木质部纵向蛀食，形成迂回曲折的虫道。蛀孔内充满木屑和虫粪，十分坚硬，且枝干表面无排粪孔，因此不但难以发现，且此时药剂防治也不奏效。防治方法如下。

（1）于4～5月在成虫发生期和幼虫初孵期用80％敌敌畏乳剂1000倍液喷雾防治成虫和初孵幼虫有一定的效果。

（2）近年来，在田间释放以天牛为食的肿腿蜂取得良好的防治效果。在7～

8月，气温在25℃以上的晴天放蜂为好，此种生物防治方法可在产区推广应用。

### 24. 如何防治豹纹木蠹蛾？

豹纹木蠹蛾幼虫孵化后即自金银花的枝杈或新梢处蛀入，3～5天后被害新梢枯萎。幼虫长至3～5毫米后从蛀入孔排出虫粪，易发现。幼虫在木质部和韧皮部之间咬一圈，使枝条遇风易折断，被害枝的一侧往往有几个排粪孔，虫粪呈长圆柱形、淡黄色、不易碎，9～10月花墩出现枯株。该虫有转株为害的习性。防治方法：及时清理花墩，收二茬花后，一定要在7月下旬至8月上旬结合修剪，剪掉有虫枝，如修剪太迟，幼虫蛀入下部粗枝再截枝对花墩长势有影响；7月中下旬为幼虫孵化盛期，这是药剂防治的适期，可用40％氧化乐果乳油1500倍液，加0.3％～0.5％煤油（促进药液向茎内渗透）防治效果较好。

### 25. 如何防治柳干木蠹蛾？

柳干木蠹蛾幼虫孵化后先群居于金银花老皮下为害，待幼虫生长到10～15毫米后逐步扩散，但当年幼虫常数头由主干中部和根际蛀入韧皮部和浅木质部为害，形成广阔的虫道，排出大量的虫粪和木屑，严重破坏植株的生理机能，阻碍植株养分和水分的输导，致使金银花叶片变黄，脱落，8～9月花枝干枯。防治方法如下。

（1）加强田间管理。柳干木蠹蛾幼虫喜为害衰弱的花墩，幼虫大多从旧孔蛀入，因此，要加强抚育管理，适时施肥、浇水，促使金银花生长健壮，提高抗虫力。

（2）在幼虫孵化盛期，用40％氧化乐果1000倍液加0.5％煤油，喷于枝干，或在收花后用40％氧化乐果或50％杀螟松乳油按药和水1：1的比例配成药液浇灌根部，即先在花墩周围挖深10～15厘米的穴，每墩灌20毫升左右的药液，视花墩大小适当增减，然后覆土压实，由于药液浓度高，使用时要注意安全。

### 26. 如何防治金银花尺蠖？

金银花尺蠖是金银花主要的食叶害虫，当它为害严重时金银花的叶片被吃光，只存枝干。防治方法如下。

（1）清洁田园、减少越冬虫源。

（2）可在虫的幼龄期用80％敌敌畏乳油1000～1500倍液喷雾防治。

### 27. 如何消灭越冬天牛？

天牛为金银花的主要害虫，其幼虫钻入植株的木质部，然后向基部蛀食，被蛀食的植株逐渐枯萎至死。进入秋季，该虫钻到植株的茎基部或根部越冬，次年5月出土，在枝条上端的表皮产卵，形成幼虫，循环为害。防治方法如下。

(1) 若发现虫枝，就将其剪下并烧毁。

(2) 将用80%敌敌畏原液浸过的药棉塞入虫孔，再用泥土封住虫孔进行毒杀。

(3) 可用钢丝插入虫孔内将虫刺杀。

### 28. 采收金银花要注意什么？

适时采摘是提高金银花产量和质量的重要环节。按现在的栽培技术，每年可以采摘4次金银花。但第一、第二次花较多，以后两次较少。一般在5月中下旬采摘第一次花，6月中下旬采摘第二次，7月、8月分别采摘第三、第四次。

金银花从幼蕾到花开放，大体可以分为幼蕾（绿色，花蕾约1厘米）、三青（绿色，花蕾2.2～2.4厘米）、二白（淡绿白色，花蕾3～3.9厘米）、大白（白色，花3.8～4.6厘米）、银花（刚开放，白色花4.2～4.8厘米）、金花（花瓣黄色，4～4.5厘米）、凋花（棕黄色）七个阶段。药材以大白、二白和三青为佳，银花、金花次之。花的绿原酸含量从幼蕾到花开放，绿原酸含量呈下降趋势。

在生产中要根据金银花开花的规律，掌握好采摘的时期和标准。以花蕾上部膨大但未开放、呈青白色时采摘最为适宜。采得过早，花蕾呈青绿色、嫩、小，产量低；采得过晚，容易形成开放花，降低质量。每天采集的最适宜时间为上午，最好是在露水未干之前。金银花的开放时间集中，必须抓紧时机采摘。

对达到采摘标准的花蕾，宜先外后内、自下而上进行采摘，注意不要折断树枝。

### 29. 如何加工金银花？

金银花采下后应立即晾干或烘干。将花蕾放在晒盘内，摊在干净的石头、水泥地面或席上，厚度以2厘米为宜，以当天晾干为原则。晒时不要翻动，以防花蕾变黑。最好用筐或晒盘晒，遇雨天或当天不能晒干时，可以及时收起堆放。晒干法简单易行、成本较低，为产区普遍采用。

产花集中的地区为保证金银花的质量，或遇阴雨天气则应采用烘干法。各产地因地制宜，可以设计不同的烘干房。一般农户采用的是自然烘烤法，即在房间中央放置煤火炉（依房间大小确定数量），自然排湿，一般在40℃左右烘干，不变温。

稍复杂的烘干房设计为：一头修两个炉口，房内修回龙灶式火道，屋顶留烟囱和天窗，在离地面30厘米的前、后墙上，留一对通气口。烘干时采用变温法，初烘时温度不宜过高，一般为30～35℃，烘2小时后，温度可升至40℃左右，鲜花排出水气，经 5～10 小时后室内保持 45～50 ℃；烘 10 小时后鲜花水分大部分已被排出，此时再把温度升至 55 ℃，使花迅速干燥。一般烘 12～20 小时可全部烘干。烘干时不能用手或其他东西翻动花朵，否则花朵容易变黑；没有干时不能停烘，否则会导致花朵发热、变质。据山东平邑县试验，采用烘干法得出的一等花率高达 95％以上，使用晒盘晾晒方法的一等花率只有 23％，因此，烘干法是金银花生产中提高产品质量的一项有效措施。经晾干或烘干的金银花应放置于阴凉干燥处保存，防潮、防蛀。

30. 金银花有哪些规格、等级的商品？

按银花的品质优劣及传统产销习惯分为密银花（南银花）、济银花（东银花）及山银花（土银花）三种，各品种再分若干等级。

31. 密银花如何分等级？

密银花在香港市场被称为"密花"，商品分为四种等级。

（1）一等：花蕾呈棒状，上粗下细、略弯曲；表面呈绿白色，花冠厚，质稍硬，握之有顶手感；气清香，味甘微苦；无开放花朵，破裂花蕾及黄条不超过 5％；无黑条、黑头、枝叶、杂质、虫蛀、霉变。

（2）二等：开放花朵不超过 5％，破裂花蕾及黄条不超过 10％，无黑条、枝叶；其他标准同一等。

（3）三等：开放花朵、黑条不超过 30％，无枝叶；其他标准同一等。

（4）四等：花蕾和开放花朵兼有，色泽不分；枝叶不超过 3％；无杂质、虫蛀、霉变。

32. 济银花如何分等级？

济银花在香港市场被称为"勿花"，同样分为四种等级。

（1）一等：花蕾呈棒状，肥壮；上粗下细，略弯曲；表面为黄色、白色或青色；气清香，味甘微苦；开放花朵不超过 5％；无嫩蕾、黑头、枝叶、杂质、虫蛀、霉变。

（2）二等：花蕾较瘦，开放花朵不超过 15％，黑头不超过 3％；无枝叶、杂质、虫蛀、霉变。

（3）三等：花蕾瘦小，开放花朵不超过 25％，黑头不超过 15％，枝叶不超过 1％，无杂质、虫蛀、霉变。

（4）四等：花蕾及开放的花朵兼有，色泽不分，枝叶不超过 3％；无杂质、虫蛀、霉变。

# 半 夏

**1. 半夏有什么功效?**

半夏为天南星科多年生宿根草本植物半夏的去皮干燥块茎,别名三叶半夏、旱半夏、三步跳、麻芋头。半夏具有燥湿化痰、降逆止呕、消痞散结的功效,主治痰多咳喘、风痰眩晕、呕吐反胃、胸脘痞闷、梅核气症等。

**2. 半夏有什么外形特征?**

半夏为多年生草本植物,株高 15～40 厘米,地下块茎呈扁球形或球形,直径1～3 厘米。叶从块茎顶端生出,幼苗常具单叶,呈卵状心形,中间一片比较大,两边的比较小。叶柄下部内侧生一白色珠芽,有时叶端也有一枚,呈卵形。浆果成熟时是红色的。

**3. 种植半夏如何进行选地、整地?**

半夏为浅根草本植物,在疏松、有机质含量高的土壤中生长良好、产量高,故宜选用肥沃的沙壤土地种植。前茬作物以豆科、禾本科作物为好。在板结土壤及瘠薄地生长不良,产量低;在盐碱地和涝洼积水地不易种植。翻耕土地前,每亩施腐熟的有机肥或土杂肥 2500～4000 千克、过磷酸钙 15～20 千克做基肥,深翻 20 厘米,耙细整平,做 1 米左右宽的高畦。

**4. 半夏的繁殖有哪些方式?**

半夏的繁殖主要使用块茎繁殖和珠芽繁殖的方法,用种子亦可繁殖。

**5. 如何采用半夏珠芽繁殖?**

半夏母块茎抽出叶后,每一叶柄下部或叶子基部能生出 1 个珠芽,直径0.3～1厘米,两端尖,中间大。当珠芽成熟时,即可采摘做种用。

**6. 如何采用半夏小块茎繁殖?**

2 年或 3 年生的半夏萌生出的小块茎也可作繁殖材料。在收获时,选取直径0.7～1 厘米的小块茎作种,拌湿润的沙土,储藏于阴凉处,以待种植。

**7. 为什么不常用半夏种子进行繁殖?**

半夏播种后一般 3 年才能收获,所以在生产中较少用半夏种子来繁殖。

8. 如何种植半夏？

半夏一般一年四季均可种植，以春种为宜，且春种愈早愈好。条播或撒播均可。条播，先在畦上按行距 20～25 厘米开 5～7 厘米深的沟，将块茎植于沟中，株距 2～5 厘米，每亩用种量 50～70 千克。栽种后盖腐熟的农家肥，然后施腐熟的人畜粪水，最后盖土与畦面平。栽后土壤应保持一定的湿度，土壤干燥时，需及时浇水，以利于出苗。如用种子繁殖，播种前应将地浇透，按行距 3～5 厘米撒播，覆 3 厘米厚的细土，然后覆盖杂草，保持一定湿度，经 20～25 天即可出苗。

9. 种植半夏如何进行中耕除草？

在半夏苗出齐后，应及时清除杂草，行间用特制小锄浅锄，深度不能超过 3 厘米。株间草宜用手拔除。

10. 怎样给半夏施肥？

除施足基肥外，在半夏生长中期，尤其是在小满节气前后，应重施珠芽肥，如腐熟的饼肥、人畜粪水等。若基肥不足，前期应每亩追施硫酸铵 10～15 千克。在小暑节气培土前还可追肥 1 次，生长中后期，叶面喷洒 0.2% 磷酸二氢钾溶液或 0.05% 的三十烷醇有很好的增产效果。

11. 如何给半夏培土？

培土的目的是盖住半夏的珠芽，使珠芽在湿土内生根发芽，尽早形成新的植株，这是一项重要的高产技术措施。于 6 月以后，叶柄上的珠芽逐渐成熟落地，种子也陆续成熟并随植株的枯萎而落地，所以 6 月初和 7 月中旬应各培土 1 次。取畦沟细土，撒于畦面，厚 1.5～2 厘米，盖住珠芽和种子，然后用铁锹拍实。

12. 如何进行半夏田间灌溉、排水？

半夏喜湿润，怕干旱。如遇久晴及干旱，应及时灌水。若雨水过多，应注意开沟排水。

13. 栽培半夏为什么要进行摘蕾？

在半夏生长期抽出的花蕾应全部摘去，以减少养分的消耗，促进地下部分的肥大，这也是提高产量的重要措施之一。

14. 为什么旱半夏最适合果林套种？

旱半夏最适合果林套种，因为它喜荫蔽环境，在高温季节阳光直射时植株容易发生倒苗（苗枯黄萎缩），导致块茎停止生长。而在炎热的夏季，果林的枝繁叶茂正是旱半夏植株生长旺盛期遮阳的天然保护伞，为半夏块茎的正常生长提供了有利条件。一般每亩果林中套种旱半夏可收干品 120 千克左右，其种植效益与套种常规农作物相比可增加 3～5 倍。

### 15. 如何在果林中套种旱半夏？

（1）第一步，播种。旱半夏在 3～5 月均可播种。注意结合翻耕每亩果林种植地施入腐熟的有机肥 3000 千克作底肥。在地面上与树行并排开浅沟，沟距 15～18 厘米、沟宽 6～8 厘米，然后按株距 10 厘米左右在每条沟内排列块茎，块茎芽头向上，栽后盖土，以不见块茎为宜。

（2）第二步，除草。旱半夏块茎栽种后 1～2 天内应及时喷施 50％乙草胺乳油，以抑制一年生禾本科杂草生长。在植株生长期，如果杂草较多，可用吡氟禾草灵或 8％高效盖草能除草剂进行防除。

（3）第三步，施肥。由于旱半夏行距较密，不便在播后追肥，因此应施足底肥。一般在苗高 20 厘米时，每亩可用 10 千克尿素对水 1000 千克泼浇于土表，以促进植株生长，加快块茎膨大和增产。

（4）第四步，防病。初种旱半夏的地块病虫害较少，有时会发生叶斑病和病毒病，可分别用 1∶1∶120 波尔多液和 65％代森锌 500 倍液进行防治。

（5）第五步，采收。旱半夏块茎在春季播种后当年秋、冬季可采挖。当茎叶枯萎变黄后，选晴天小心挖起块茎。将鲜块茎按大小分开，直径在 1 厘米以下的可留作种，用湿细沙混合贮藏保管，直径在 1 厘米以上的块茎去皮晒干即成商品。

### 16. 如何防治半夏叶斑病？

半夏叶斑病发病时叶片上有紫褐色病斑，后期病斑上生有许多小黑点，发病严重时，病斑布满全叶，使叶片卷曲焦枯而死。

防治方法：发病前和发病初期喷洒 1∶1∶120 波尔多液或 65％代森铵 500 倍液，每 7～10 天喷洒 1 次，连续喷洒 2～3 次。

### 17. 如何防治半夏病毒病？

半夏病毒病的病株叶片卷缩成花叶，植株矮小、畸形。防治方法如下。

（1）选无病植株留种。

（2）及时防治害虫。

（3）发现病株，立即拔除，集中烧毁深埋，病穴用 5％石灰乳浇灌，以防蔓延。

### 18. 如何防治半夏块茎腐烂病？

半夏块茎腐烂病多发生在雨量过多年份的高温多湿季节。该病为害地下块茎，造成腐烂，随即地上部分枯黄倒苗死亡。防治方法如下。

（1）雨季及大雨后及时疏沟排水。

（2）发病初期，用5％石灰乳浇灌病穴。

（3）及时防治地下害虫，可减轻为害。

### 19. 如何防治半夏红天蛾？

红天蛾多在夏季发生，以幼虫咬食叶片，它们的食量很大，发生严重时，可将叶片食光。

防治方法：害虫幼龄期喷90％敌百虫800倍液或喷洒40％乐果乳剂1500倍液。

### 20. 如何防治半夏缩叶病？

半夏缩叶病是由病毒引起的一种病害，多在夏季发生，发病后小叶皱缩扭曲，植株变矮、畸形。防治方法如下。

（1）彻底消灭传播病源的蚜虫。

（2）选用无病植株留种。

### 21. 如何防治半夏蚜虫？

半夏蚜虫成虫和幼虫吮吸嫩叶嫩芽的汁液，使叶片变黄，植株生长受阻。防治方法：一是在蚜虫发生期，用40％乐果乳油1500～2000倍液喷洒；二是用灭蚜松（灭蚜灵）1000～1500倍液喷杀。

### 22. 如何防治半夏菜青虫？

菜青虫主要以幼虫咬食半夏叶片，造成孔洞和缺口，严重时，整片叶被吃光。防治方法：可在发生期用90％敌百虫1500倍液或敌敌畏1000倍液喷杀。

### 23. 什么时候采收半夏为宜？

半夏的收获时间对产量和产品质量影响极大。适时刨收，加工易脱皮、干得快、商品色白粉性足、折干率高；若刨收过早，则粉性不足，影响产量；而刨收过晚不仅会导致难脱皮、晒干慢，而且块茎内淀粉已分解，加工的商品粉性差、色不白，易产生"僵子"（角质化），质量差，产量更低；如果倒苗后才刨收，费工三倍还多。

多年人工栽培半夏研究结果表明，半夏的最佳刨收期应在秋天温度降至低于

13℃以下，叶子开始变黄绿的时候；黄淮地区气温13℃左右，正为"秋分"前后；长江流域要根据气温差别适当向后推迟；东北各地气温偏低，要适当提前刨收。

24. 如何采收半夏？

在收获时，如土壤湿度过大，可把半夏块茎和土壤一起先刨松一下，可以较快地蒸发出土壤中的水分，使土壤尽快变干，以便于收刨。刨收时，从畦一头顺行用爪钩或铁镐将半夏整棵带叶翻在一边，细心地拣出块茎。倒苗后的植株掉落在地上的珠芽应在刨收前拣出。刨收后地中遗留的枯叶和残枝应收集起来烧掉，以减轻病虫害的发生。

25. 如何加工半夏？

（1）第一步，发酵。将收获的鲜半夏块茎堆放室内，厚度50厘米，堆放15～20天，检查发现半夏外皮稍腐，用手轻搓外皮易掉，即可。

（2）第二步，去皮。将发酵后的半夏块茎用筛分出大、中、小三级。数量少的可采用人工去皮，其方法是将半夏块茎分别装入编织袋或其他容器内，水洗后，脚穿胶靴踏踩或用手来回反复推搓10分钟，倒在筛子里用水漂洗去碎皮，未去净皮的拣出来再搓，直至皮全部被去净为止。如果较大的块茎去皮后，底部（俗称"后腔门"）仍有一小圆块透明的"茧子"时，数量少的时候可用手剥去，数量多的时候再装袋搓掉，直至半夏块茎全部呈纯白色为止。面积较大的半夏基地，可采用机械脱皮。

（3）第三步，干燥。脱皮后的半夏需要马上晾晒，在阳光下暴晒最好，要不断翻动，晚上收回平摊于室内晾干，次日再取出晒至全干，即成商品。如半夏数量较大，最好建有烘房，脱皮后尽快烘干，不受天气影响，其加工的半夏商品质量较好。

# 白 术

### 1. 白术有什么药用价值？

白术水煎剂可以健脾、助消化，对止呕、止泻有一定作用，但常需配消导药或利水渗湿药。白术能显著开大腹膜孔的功能，使腹膜孔开放数目增加、分布密度增高。白术的酿提取物对未孕离体子宫的自发性收缩以及对益母草等引起的子宫兴奋性收缩有显著抑制作用。白术还有安胎的作用。白术多糖能激活或促进淋巴细胞转化。实验证明，白术不仅有免疫调节作用，还有明显的抗氧化、增强机体清除自由基的作用，减少自由基对机体的损伤。白术煎剂有一定的延缓衰老的作用。此外，白术还有利尿、降血糖、抗菌、保肝、抗肿瘤、抑制代谢活化酶及强壮身体等药理作用。

### 2. 白术有什么形态特征？

白术为多年生草本植物，高 30～80 厘米。根茎粗大，略呈拳状。茎直立，上部分枝，基部木质化，有不明显的纵槽。单叶互生；茎下部叶有长柄，基部不对称；茎上部叶的叶柄较短。头状花序顶生，直径 2～4 厘米；花多数着生于平坦的花托上；花冠呈管状，下部细，淡黄色，上部稍膨大。瘦果呈长圆状椭圆形，微扁，长约 8 毫米，直径约 2.5 毫米。花期 9～10 月，果期 10～11 月。

### 3. 白术有哪些生长习性？

白术喜凉爽气候，怕高温多湿，根茎生长适宜温度为 26～28℃，8月中旬至9月下旬为根茎膨大最快时期。其种子容易萌发，发芽适温为 20℃左右，发芽需较多水分，一般吸水量为种子重量的 3～4 倍。种子寿命为 1 年。

### 4. 种植白术如何进行选地和整地？

白术育苗地宜选择肥力一般、排水良好、高燥、通风、凉爽的沙壤地，每亩施农家肥 2000 千克作基肥，深翻 20 厘米，耙平整细，做成 1～1.2 米宽的畦。大田宜选择肥沃、通风、凉爽、排水良好的沙壤地，忌连作。前作收获后，每亩施复合肥 50 千克，配施 50 千克过磷酸钙做基肥，深翻 20 厘米，做成宽 1～1.5 米的畦。

### 5. 如何进行白术育苗繁殖?

选择籽粒饱满、无病虫害的新种,在 25～30℃ 的温水中浸泡 24 小时,捞出催芽。当年冬季至第二年 3 月下旬均可播种,播种愈早愈好,条播或撒播均可。条播播种前,先在畦上喷水,待水下渗、表土稍干后,按行距 15 厘米开沟播种,沟深 4～6 厘米,播幅 7～9 厘米,沟底要平,播种后覆土整平,稍加镇压,再浇 1 次水,每亩用种 6 千克左右。采用撒播方式,可待水下渗后,将种子均匀撒入,再覆浅土即可,每亩用种 7 千克左右。播种后约 15 天左右出苗。至冬季移栽前,每亩可培育出 600～800 千克的鲜白术移栽。

### 6. 如何移栽白术苗?

白术育好苗后当年冬季即可移栽。白术移栽以当年不抽叶开花、主芽健壮、根茎小而整齐、杏核大的幼苗为佳。剪去须根,按行距 25 厘米开深 10 厘米的沟,按株距 15 厘米左右将白术苗栽入沟内,芽尖朝上,并与地面相平,移栽后两侧稍加镇压。全部栽完后,再浇一次大水。一般每亩需鲜白术 120 千克左右。

### 7. 如何栽植白术?

白术移栽后在次年 3 月底至 4 月上旬开始栽植。要注意挑选生长健壮、根群发达、顶端芽头饱满、表皮柔嫩、顶端细长、尾部圆大的种栽作为繁殖材料。栽植按行株距 24 厘米×12 厘米或 18 厘米×12 厘米下栽,种植深度为 6～9 厘米,密度为每亩 10000～12000 株,种栽量为每亩 50 千克左右。

### 8. 种植白术该如何除草?

在播种后至出苗前,每亩用乙草胺 70～100 毫升加水 40～100 升(土地干旱时加大水量,潮湿时应相应地减少水量)均匀地喷洒一遍地面,要求做到不漏喷,不重喷,这样可有效防杂草 2 个月左右。中期化学除草可选用芽后选择性除草剂,如吡氟氯禾灵、喹禾灵等。杂草应在三叶期至四叶期为最佳防治时期。双子叶的杂草以人工拔除为主。

### 9. 如何给白术合理施肥?

在白术栽培中,药农总结出了"施足基肥,早施草肥,重施追肥"的生产经验。一般基肥每亩需施入有机肥 500～1000 千克,过磷酸钙 25～35 千克。5 月上旬苗基本出齐时,施稀薄的人畜粪水 1 次,每亩施 500 千克。结果期前后是白术整个生育期吸肥力最强、生长发育最快、地下根状茎膨大最迅速的时期,一般在盛花期每亩施有机肥 1000 千克,复合磷肥 30 千克。

### 10. 栽培白术如何进行浇水、排水？

白术喜干燥，田间积水易死苗，特别是生长前期温度高会发病，要注意挖沟、理沟，而且雨后应及时排水。8月下旬根状茎膨大明显，需要一定水分，如久旱需适当浇水，保持田间湿润，不然会影响产量。

### 11. 如何摘除白术花蕾？

为了使养分集中供应白术的根状茎生长，除留种植株每株留5～6个花蕾外，其余花蕾都要适时摘除。一般在7月中旬至8月上旬分2～3次摘除，摘蕾时，一手捏茎，一手摘蕾，需尽量保留小叶，不摇动植株根部。摘蕾应选晴天进行，如果在雨天摘蕾，伤口浸水易引起病害。

### 12. 如何给白术留种？

白术留种可分为株选和片选两种方式，前者能提高种子纯度。

一般于7～8月，选植株健壮、分枝小、叶大、花蕾扁平而大者作留种母株，摘除母株上迟开或早开的花蕾，每株选留5～6个花蕾为好；于11月上、中旬采收种子，选晴天将植株挖起，剪去地下根茎，把地上部分束成小把，倒挂在屋檐下晾20～30天后熟，然后晒1～2天，脱粒、扬去茸毛和瘪籽，装入布袋或麻袋内，挂在通风阴凉处贮藏。注意白术种子不能久晒，否则会降低它的发芽率。

### 13. 白术立枯病是什么？

白术立枯病，俗称"烂茎瘟"，是白术苗期的重要病害，常造成烂芽、烂种，严重发生时可导致毁种。未出土的幼芽、幼苗及移栽后的大苗均能受害，主要侵染植株根尖及根茎部的皮层。幼苗受害后，初始在近地表的茎基部出现水渍状的暗褐色病斑，略具同心轮纹。发病初期，染病幼苗白天叶片萎蔫，夜间恢复正常，病斑逐渐扩大、凹陷；当病斑绕茎1周后，茎部坏死，并缢缩成线状（俗称"铁丝茎"）。随后植株地上部分萎蔫，倒伏死亡。严重发生时，常造成幼苗成片死亡，甚至导致毁种。有时贴近地面的潮湿叶片也可受害，叶缘产生水渍状深褐色至褐色大斑，整张叶片很快腐烂、死亡。在高湿度条件下，病部会产生淡褐色蛛丝状霉（即病菌的菌丝）以及大小不等的小土粒状的褐色菌核，从而有别于白绢病与根腐病。

此病由真菌界半知菌亚门的立枯丝核菌侵染所致。病菌寄主范围广，可侵害多种药材以及茄果类、瓜类等农作物。病菌以菌丝体或菌核在土壤中或病残体上越冬，可在土壤中腐生2～3年。环境条件适宜时，病菌从伤口或表皮直接侵入幼茎、根部引起发病，通过雨水、浇灌水、农具等传播危害。病菌喜低温、高湿的环境，发育适温为 24 ℃，最高温度为 40～42 ℃，最低温度为 13～15 ℃，适宜 pH 值为 3.0～9.5。早春播种后若遇持续低温、阴雨天气，白术出苗缓慢，则病害易流行；多年连作或前茬为易感病作物时发病重。

14. 如何防治白术立枯病？

（1）清洁田园。收获后及时清理田间枯枝、烂叶等病残体，并带出田外集中销毁。

（2）实行轮作。与玉米、高粱、水稻等禾本科作物轮作 3 年以上。

（3）加强管理。适期播种，缩短易感病期；春季多雨时，雨后及时开沟排水，降低田间湿度。

（4）土壤处理。在播种或移栽前，每亩用 50％多菌灵可湿性粉剂 2.5 千克，或每平方米用木霉制剂 10～15 克制成药土，全田均匀撒施。

（5）种子处理。播种前用种子重量 0.5％的 50％多菌灵可湿性粉剂拌种。

（6）药剂防治。在发病初期及时用药防治，药剂可选用 50％立枯净可湿性粉剂 800～1000 倍液喷雾。

15. 如何防治白术斑枯病？

白术斑枯病又称"铁叶病"，是白术产区普遍发生的一种叶部病害，叶片因病引起早枯，导致减产。病菌留在病残体及种栽上越冬，成为次年初发次侵染源，翌年春天病菌遇水滴后释放分生孢子，自气孔侵入植株引起初侵染；病斑上产生新的分生孢子，又不断引起再侵染，如此扩大蔓延。种子带菌造成远距离传播，而雨水淋溅是近距离传播的主要途径，昆虫和农事操作也可引起传播。该病害发生期长，流行需要高湿度，多在 4 月下旬开始发病，6～8 月盛发，雨水多、气温大升大降时发病重。发病症状为叶上初生黄绿色小斑，后因叶脉的限制呈多角的不规则形，暗褐色至黑色，中央呈灰白色，上生小黑点。严重时病斑相互汇合，布满全叶，呈铁黑色，茎和苞片也会产生相似的褐斑。防治方法如下。

（1）清除病株。

（2）发病初期用 1∶1∶100 的波尔多液，后期用 50％甲基托布津或多菌灵 1000 倍液喷雾。

（3）每亩用复方井冈霉素 4 包，对水 200 千克浇根。

（4）用菌毒清、百菌清、山德星、退菌特、复美双 800 倍液粗喷雾淋株，用布罗多 1000 倍液喷施淋株，每隔 7～10 天喷药 1 次，小雨喷药时可适当减少水量增加浓度施用，连喷 3～4 次，在喷药时可加复合增长素（如绿丰宝、绿芬威等）混喷。注意要避免在高温、强光环境下喷药。如喷药后 4～6 小时内下中雨，应抢晴天补喷。

### 16. 如何防治白术白绢病？

白术白绢病俗称"白糖烂"，为害植株的根状茎。带菌的土壤、肥料和种栽是病害的侵染来源。发病初期以菌丝蔓延或菌核随水流传播进行再侵染。田间初见病株在 4 月下旬，6～8 月为发病盛期，高温多雨易造成该病流行。一般田块白术的发病率在 15％左右，重病田白术的发病率达 20％以上。8 月以后发病率逐渐下降，病情趋于稳定。发病症状是根茎上的须根和根茎变成褐色，根茎表面布满白色菌丝，菌丝里面能看见乳白色或浅褐色的菌核。有时在病株茎秆基部周围的土表层也能看见白色的菌丝，其间也有菌核。随着病情的发展，病株地上部分的茎叶逐渐枯死，地下根茎开始腐烂，腐烂的根茎呈烂薯状。防治方法如下。

（1）选用地势高燥、地下水位较低的沙壤土种植白术。整地前每亩施石灰 30～40 千克，进行土壤消毒。

（2）选用颜色新鲜、籽粒饱满，无病虫为害的健壮种子进行种植为佳；白术苗应选择顶端芽头饱满健壮，表皮细嫩，密生柔嫩细根的为好。

（3）施用腐熟的人畜粪水，防止肥料带病菌浸染。

（4）发现病株应及时拔除烧毁，并将病穴用生石灰进行消毒。

（5）出苗期和病害高发期，使用青枯立克 50～100 毫升＋大蒜油 7～15 毫升（苗期为 7 毫升）对水 15 升进行全面喷雾防治，每个时期连喷 3～4 次，间隔 7～10 天。发现病株后使用青枯立克 100～150 毫升、大蒜油 30 毫升和沃丰素 25 毫升对水 15 升喷雾，每 3 天喷 1 次，连喷 2～3 次，同时进行病区、健区隔离，对病区及病区周围 5 米内的植株，按喷雾配方进行灌根 2～3 次，间隔 3～5 天。发病中、后期使用青枯立克 150～250 毫升、大蒜油 30 毫升和沃丰素 25 毫升，对水 15 升喷雾，每 3 天喷 1 次，连喷 2～3 次。同时要进行病区、健区隔离，对病区及病区周围 5 米内的植株，按喷雾配方进行灌根 2～3 次，间隔 3～5 天。

### 17. 如何防治白术根腐病？

根腐病又称干腐病，是白术的重要病害之一。土壤带菌和种栽带菌是病害的侵染来源。种栽在贮藏过程中，受热使幼苗抗病力下降是病害发生的主要原因。当土壤淹水、土质黏重或施用未腐熟的有机肥以及有线虫和地下害虫危害等原因造成植株根系发育不良或产生伤口等情况下，极易遭受病菌浸染发病。病菌要求高温，常在植株生长中后期，气温升高连续阴雨后转晴时病害突然发生。该病一般自 4 月下旬开始发生，6～8 月盛发，平均病株率 20％左右，重病田的病株率可达 60％以上。8 月后期病害逐渐减轻，并趋于稳定。其发病症状为根茎细根变褐色、腐烂，后蔓延到上部肉质根茎及茎秆，呈黑褐色下陷烂斑，地上部分开始萎蔫；根茎和茎切面可见维管束呈明显变色圈，后期根茎全部变为海绵状黑色干腐，植株枯死，易从土中拔起。新、老产区均发生普遍，造成干腐、茎腐和湿腐，严重影响产量和质量。防治方法如下。

（1）选育抗病品种。

（2）与禾本科作物轮作，或水旱轮作。

（3）栽种前用 50％多菌灵 1000 倍液浸种 5～10 分钟。

（4）发病初期用 50％多菌灵或 50％甲基托布津 1000 倍液浇灌病区。

（5）在地下害虫为害严重的地区，可用乐果 1000～1500 倍液或敌百虫 800 倍液浇灌。

18. 如何防治白术锈病？

白术锈病，俗称"黄斑病""黄疸"，是白术常见病害之一。该病主要为害叶片。发病初期叶片上出现失绿小斑点，后扩大成近圆形的黄绿色斑块，周围具褪绿色晕圈，在叶片相应的背面呈黄色杯状隆起，即锈孢子腔，当其破裂时散出大量黄色的粉末状锈孢子；最后病斑处破裂成穿孔，叶片枯死或脱落。叶柄、叶脉的病部膨大隆起，呈纺锤形，同样生有锈孢子腔，后期病斑变黑、干枯。此病由真菌界担子菌亚门的双胞锈菌侵染所致。白术是中间寄主，目前对其冬孢子的形成及越冬场所不详。浙江地区的白术常年于 5 月上旬开始发病，5 月下旬至 6 月下旬为发病盛期。夏季骤晴骤雨的天气是白术锈病迅速发展、蔓延的重要因素。防治方法如下。

（1）合理密植，改善田间通风透光条件。

（2）防止田间积水，要做到雨停沟干；在满足白术正常生长必需的水分外，田间尽量控制湿度。

（3）每年白术收获后，清除并烧毁残株病叶，减少翌年发病率。

（4）药剂防治。在发病初期选用 1∶1∶300～400 倍波尔多液喷雾防治，每隔 7～10 天喷 1 次，连喷 2～3 次。

19. 如何防治白术术籽虫？

术籽虫属鳞翅目螟蛾科，为害白术种子。该虫在白术开花初期始发，8 月下旬至 11 月上旬为主要发生期，以幼虫为害白术种子。防治方法如下。

（1）深翻冻垡。

（2）进行水旱轮作。

（3）在初花期喷 50% 敌敌畏 800 倍液，每 7 天喷 1 次，连喷 3～4 次。

20. 何时采收白术为宜？

10 月下旬至 11 月中旬，当白术茎秆由绿色变枯黄至褐色时采挖最好。选晴天挖起全株，抖去泥土，剪除茎秆，留下根茎，即为白术。将叶苗拣去杂质晾干，即为白术苗。

21. 一般情况下如何加工白术？

白术挖出后要立即加工，切勿堆积与暴晒，以防发热、抽芽和出油。加工方法有晒干和烘干。晒干的白术称生晒术，日晒（避开太阳直射的中午时段，或搭棚晾晒）15～20 天，直至干燥。

烘干的白术称烘术。烘烤的火力不宜过猛，温度控制在 50℃ 左右，以不感到烫手为宜。烘 4～6 小时后，上下翻动一次，使上下受热均匀，细根自然脱落；再烘至八成干时，取出堆积 5～6 天，使内部水分外渗、表皮变软，再进行烘干即可。加工后的白术以个大、体重、无空心、断面呈白色者为佳。白术加工好后用竹篓装好，外套麻袋，贮于阴凉通风处，防止虫蛀、鼠害和油霉。每亩约产鲜白术药材 800 千克，折合干货 250 千克。

22. 冬天如何加工白术？

冬天气温低，晒干困难，因此常用烘干方法。初时火力可猛些，温度可掌握在 90～100 ℃。出现水汽后，降温至 60～70 ℃，2～3 小时后上下翻动 1 次，再烘 2～3 小时。须根干燥时取出闷堆"发汗"5～6 天，使内部水分外渗到表面，再烘 5～6 小时，此时温度控制在 50～60 ℃，2～3 小时后翻动 1 次。烘至八成干时，取出再闷堆"发汗"7～10 天，再烘干直到干透为止，并将残茎和须根搓去。产品以个大肉厚、无高脚茎、无须根、无虫蛀者为佳。

# 三 七

**1. 三七有什么功效?**

三七具有滋补、保健、散瘀止血、消肿定痛等作用。现在三七主要是用于预防和治疗心血管系统、血液系统和中枢神经系统等方面的疾病。特别是三七在心脑血管系统疾病方面的独特作用,为三七作为医疗和保健用品与进一步开发利用提供了重要的科学依据,使三七成为预防、治疗心脑血管系统疾病,调节新陈代谢和生理功能,抗老防衰,保持机体正常生长发育的重要药物。

**2. 三七对种植条件有什么要求?**

三七,又名参三七、田七、金不换等,为大宗名贵中药材,主产于云南和广西,广东、湖北、江西、贵州、四川等省也有栽培。

三七属喜阴植物,喜冬暖夏凉的环境,畏严寒酷热;喜潮湿但怕积水,土壤含水量以 22%~40% 为宜。夏季气温不超过 35 ℃,冬季气温不低于 −5 ℃ 时均能生长,生长最适宜温度为 18~25 ℃。三七对土壤的要求不严,适应范围广,但以土壤疏松、排水良好的沙壤土为好。凡过黏、过砂以及低洼易积水的地段不宜种植三七。忌连作,土壤 pH 值在 4.5~8.0 较适宜。三七对光敏感,喜斜射、散射、漫射光照,忌强光。若光照太弱,则植株徒长,叶片柔软,主根增长缓慢,容易得病;而若光照过强,则植株矮小,叶片容易被灼伤。三七种子具后熟性,保存在湿润条件下,才能完成生理后熟而发芽。种子在自然条件下的寿命为15 天左右,且一经干燥就丧失生命力,因此宜随采随播或层积处理。三七种子的发芽温度为 10~30 ℃,最佳发芽温度为 20 ℃,种子的休眠期为 45~60 天,种苗在休眠过程中需要经一段时间的低温处理才会萌发,而且对光的反应非常敏感,传统认为三七需要自然光照 30% 才能正常生长发育,故三七荫棚有“三成透光,七成蔽荫”之说。

**3. 三七有什么形态特征?**

三七为多年生草本植物,株高达 30~60 厘米。根茎短,具有老茎残留痕迹;根粗壮肉质,呈倒圆锥形或短圆柱形,长 2~5 厘米,直径 1~3 厘米,有数条支根,外皮呈黄绿色至棕黄色。茎直立,近于圆柱形;光滑无毛,绿色或带多数紫

色细纵条纹。掌状复叶，3～4 枚轮生于茎端；叶柄细长，表面无毛；核果浆果状，近于肾形，长 6～9 毫米；嫩时为绿色，熟时为红色。种子 1～3 颗，呈球形，种皮为白色。花期 6～8 月。果期 8～10 月。

各年生三七，在产区是 2～3 月出苗，出苗期 10～15 天。三七出苗后便进入展叶期，展叶初期茎叶生长较快，通常 15～20 天株高就能达到正常株高的 2/3，其后茎叶生长缓慢，随着萌发出苗一次性长出，一旦形成的芽孢成长出的茎叶受损伤，地上就无苗。

### 4. 三七种植周期是怎样的？

三七从播种到收获需 3 年以上（3 年左右的价值较高），且同一块区域收获后 5～8 年才可继续种植。

春三七：摘除花薹后采挖的三七，一般三七花是 8 月采摘，采摘三七花后采挖的三七叫春三七，这个时候采挖的三七饱满、质量高。

冬三七：就是留种后采挖的三七，三七花在 7～8 月现蕾，如果 8～9 月采摘干燥就是我们常说的三七花，但三七花如果不采摘长到 11～12 月，三七花就会变成红色的三七红籽，俗称三七种子，留种后采挖的三七就是冬三七。

### 5. 如何采收三七种子？

当三七果实相继由青绿色变为鲜红色时采收三七种子。三七种子成熟大致分三批，第一批在 10 月中旬至 11 月上旬，第二批在 11 月中下旬，第三批在 12 月上中旬。作播种用的种子宜选择 3～4 年生、无病虫害的植株所结的第一、第二批红籽。这两批红籽比较饱满，发育比较完全，播种后发芽率高，出苗整齐，幼苗生长健壮，抗病虫和抗逆性强，产量高、质量好。第三批红籽，由于生长期气温低，种子大部分不能成熟，而且细小不饱满，故不宜作繁殖用。

### 6. 三七繁殖如何进行苗床准备？

选择地势较高、向南或向东南的缓坡砂壤地作三七育苗场地。选定后，深翻 30 厘米，铺上一层杂草或枯枝落叶进行烧土，以加速土壤风化、提高土壤肥力、杀灭表土层潜伏的病虫害；每亩用石灰粉 40～50 千克，均匀地撒在地面上，进一步消灭土壤中的病菌和害虫；进行一次犁耙，把地整平，做宽 55～60 厘米、高 20 厘米、畦间距离 35 厘米的畦面。

### 7. 三七何时播种较好？

三七播种一般在每年 11 月进行。

### 8. 三七种子如何处理？

采回的三七红籽，薄薄地摊在竹席上，置于通风阴凉处（不宜暴晒）3～4天，使其外皮稍干后，将种子剥成单粒。播种前，用硫酸铜：熟石灰：水的比例为1：1：30的波尔多液浸种10分钟，再用清水冲洗，将其晾干后播种。

### 9. 如何播种三七？

播种时，用木刀或特制的播种板在畦面上按6厘米×6厘米或6厘米×5厘米划行株距，开穴深1.5厘米，每穴播种1粒。播种后均匀地撒上一层混合肥，畦面上再铺盖一层稻草或不带种子的杂草，种三七的农民将其称为"地棚"。

三七种子容易失去发芽能力，存放时间一般不宜超过7天，最好当天采种当天播种。若不能随采随播种，则将经过处理的种子晾干表面水分后，以1份种子加4～5份湿砂拌匀，堆积在室内阴凉避风处保存，在7～10天内，尚能保持较高的发芽率。一般每亩用种7万～10万粒，折合果实10～12千克。

### 10. 如何做好三七苗床管理？

（1）做好排灌。播种以后，若天气干旱，要经常淋水，以利于种子发芽和幼苗生长；雨后要及时排去积水，降低土壤湿度，防止病虫害的发生。

（2）适时追肥。为了促使幼苗健壮生长，苗期一般追3次肥。第一次追肥在3月出苗后，以后两次分别在5月和7月。用充分腐熟的厩肥、草木灰、磷肥等混合，经粉碎后施在畦面上。

（3）调节透光度。三七忌强烈日照，播种后苗床要搭棚架，根据不同季节的光照强度变化，调节透光度。一般苗床的春季透光度为60%，夏秋季为40%～50%，冬季为70%。

三七育苗到第二年12月，地下根长至筷子头（习称"子条"）大小时，即可挖起作种苗种植。

### 11. 如何进行三七移栽？

三七育苗一年后移栽，一般在12月至翌年1月移栽。要求边起苗、边选苗、边移栽。起根时，严防损伤根条和芽孢。选苗时要剔除病、伤、弱苗，并分级栽培。三七苗根据根的大小和重量分级：千条根重2千克以上的为一级；千条根重1.5～2千克的为二级；1.5千克以下的为三级。移栽行株距一级、二级为18厘米×（15～18）厘米，三级的为15厘米×15厘米。种苗在栽前要进行消毒，一般用300倍代森锌浸蘸根部，浸蘸后立即将其捞出晾干并及时栽种。

### 12. 三七适宜在什么地方栽种？

三七属生态幅窄的亚热带高山阴性植物，喜温暖稍阴湿的环境，忌严寒和酷暑。栽培要求搭荫棚。种子有胚后熟特性，不能干燥贮藏，需随采随播。云南在海拔 1000～1600 米，广西在海拔 700～1000 米的地区栽培。宜在疏松红壤或棕红壤、微酸性土壤中栽种，忌连作。

### 13. 种植三七如何选地、整地？

种植三七宜选坡度在 5°～15°的排水良好的缓坡地，富含有机质的腐殖质土或沙壤土。农田地前作以玉米、花生或豆类为宜，切忌茄科作前作。地块选好，要休闲半年至一年，多次翻耕，翻耕时要深 15～20 厘米，促使土壤风化。有条件的地方，可在翻地前铺草烧土或每亩施石灰 100 千克，以给土壤消毒。最后一次翻地时每亩施充分腐熟的厩肥 5000 千克，饼肥 50 千克，整平耕细，做畦，畦向南，畦宽 1.2～1.5 米，畦间距 50～150 厘米，畦长依地形而定，畦高 30～40 厘米，畦周用竹竿或木棍拦挡，以防畦土流坍，畦面呈瓦背形。

### 14. 三七的需肥规律是怎样的？

三七的需肥规律为：三七对氮（N）、磷（P）、钾（K）三要素的吸收趋势一般表现为氧化钾＞氮＞五氧化二磷。从吸收比例来看，一年生三七和三年生三七吸收氮、磷、钾的比例约为 2：1：3，二年生的为 3：1：4。

三七每形成 100 千克干物质仅需纯氮 1.85 千克、磷 0.51 千克、钾 2.28 千克，可见三七对养分的需求较其他作物低。此外，三七在不同的生长发育阶段需肥量不同，一年生三七在 8 月初和 10 月初是两个吸肥高峰期，其中 12 月又是一个吸磷高峰期。二年生、三年生三七以开花期和结果期需肥最多，占全年需肥总量的一半以上。

### 15. 三七有什么施肥原则？

三七施肥注重底肥和追肥，各种肥料与养分互相配合，适时施用叶面肥。优质三七栽培必须以农家肥为主，辅以少量复合肥，氮、磷、钾的比例以 2：1：3 为好。过量施用氮素化肥，会造成三七品质下降。底肥提倡每亩施 2500～4000 千克农家肥，追肥掌握在 6～9 月，叶面肥以杨康生物肥、惠满丰活性生物肥、磷酸二氢钾及尿素较好。

### 16. 如何给三七施基肥？

给三七施基肥应根据土壤肥力情况而定。一般为农家肥、火土 2500 千克、钙镁磷（或过磷酸钙）100千克，油饼100千克（需充分腐熟）、硫酸钾10～15千克，三七专用肥（三七研究所研制）100千克（可提高三七皂甙含量）。三七底肥施肥一般作盖种肥和盖芽肥（覆盖种苗）。

17. 如何给三七追肥？

三七的追肥以农家肥为主，辅以少量复合肥，要遵循"多次少量"的原则。一般幼苗萌动出土后，撒施2～3次草木灰，每亩用50～100千克，以促进幼苗生长健壮。一年中以追施2～3次腐熟农家肥为宜，每次每亩施肥用量为2000～2500千克；施复合肥2～3次，每次每亩的施用量为10～15千克。可适时根外追施尿素0.2％浓度，磷酸二氢钾0.2％浓度以及其他微量元素等肥料。留种地块加施过磷酸钙15千克，以促进果实饱满。冬季清园后，每亩再施混合肥2000～3000千克。

18. 如何给三七施冬肥？

在检修好荫棚后，在12月间施1次冬肥，每亩将腐熟的牛屎拌草皮灰（1：1）2000千克撒施于畦面上，将植株根茎盖上，一方面保护新长出的芽头安全过冬，防止被冻害，而造成次年缺苗；另一方面可以使来年春长出的新苗吸收到充足养分，促进幼苗生长健壮，为丰产丰收打下基础。

19. 如何进行三七田间管理？

三七为浅根植物，根系多分布于15厘米的地表层，因此不宜中耕，以免伤及根系。幼苗出土后，畦面杂草应及时除去，在除草的同时，如发现根茎及根部露出地面时应进行培土。此外，在干旱季节，要经常淋水保持畦面湿润，淋水时应采用喷洒的方式，不能采用泼淋的方式，否则会造成植株倒伏。在雨季，特别是大雨过后，要及时排掉积水，防止根腐病及其他病害发生。

20. 如何给三七搭棚和调节透光度？

三七喜阴，人工栽培需搭棚遮阴，棚高1.5～1.8米，棚四周搭设边棚。棚料可就地取材，一般用木材或水泥预制桁条做棚柱，棚顶拉铁丝做横梁，再用竹子编织成方格，铺设棚顶盖。棚透光多少，对三七的生长发育有密切影响。透光过少，植株会较为细弱，容易发生病虫害，而且开花结果少；透光过足则叶片会变黄，易出现早期凋萎现象。一般应掌握"前稀、中密、后稀"的原则，即春季透光度为60％～70％；夏季透光度稍小，为45％～50％；秋季天气转凉，透光度逐渐扩大为50％～60％。

### 21. 如何给三七打薹？

为防止三七植株养分的无谓消耗，集中供应地下根部生长，应于 7 月出现花薹时摘除全部花薹，可提高三七产量。打薹应选晴天进行。

### 22. 冬季如何进行三七清园？

入冬以后，要进行一次彻底清园，将园内三七的所有地上茎叶剪除，杂草铲除干净，连同枯枝落叶清出园外烧毁或深埋，从而减少病菌和害虫潜伏过冬、减轻次年病虫害发生。在清园后用 2～3 波美度石硫合剂喷洒畦面，进一步杀死潜伏在畦内土壤缝隙越冬的病菌和害虫，也能达到事半功倍的效果。

### 23. 如何检修三七荫棚？

三七是喜阴植物，在其整个生长发育过程中需要在约 30% 的散射透光的条件下生长发育。因此，三七种植需要搭棚遮阴。而搭棚所用的木桩及材料经过长年的风吹、日晒和雨淋，就避免不了腐朽或破损，在有霜雪的种植地也因顶棚积雪过厚，导致荫棚因重压而倒塌或因三七园内透光过大，而影响来年三七幼苗的出土和生长。因此，必须每年在清园后对荫棚进行一次全面检查，若发现搭棚用的木桩腐朽或折断要及时更换，若顶棚材料破损则要换上新的材料，注意维持园内的透光度。

### 24. 如何防治三七立枯病？

三七立枯病又称"烂脚瘟""烂塘""干脚症"，是三七苗期的重要病害，严重时造成种苗成片死亡。种子、种芽发病时变黑褐色并腐烂；幼苗被害后，在假茎（叶柄）基部出现水渍状黄褐色条斑，随着病情发展变暗褐色，后病部缢缩，幼苗折倒死亡。该病病原物为立枯丝核菌，属半知菌亚门，无孢目，病菌以菌丝和菌核在土壤病残体上越冬。菌丝直接侵入植株，在病部产生菌丝后扩展为害邻近植株。立枯丝核菌为低温菌，一般在 18 ℃ 左右发生严重。三七种子播种期在 11 月至次年 1 月，低温下幼苗出土缓慢，易引起感染。育苗选地不当、土质黏重、土壤未经消毒、播种过密以及保温保湿草盖得过厚都会导致幼苗生长瘦弱，容易发病。防治方法如下。

（1）加强田间管理，提高整地做床的质量，以利于幼苗的出土和生长。

（2）出苗后及时调节天棚高度或宽度，保持田园透光度平均 30%～35% 为宜。

（3）及时增施磷钾肥，提高植株抗病力。

（4）发病初期用 40％立枯灵 1000 倍液，或 50％利克菌 800 倍液浇灌病株基部。

25. 如何防治三七炭疽病？

三七炭疽病在云南、广西等产区发生很普遍，三七地上部分全年均可能发病，造成严重损失。该病主要为害叶、叶柄、茎、花及果实等部位。幼苗发病，在假茎（叶柄）的基部出现梭形红褐色斑或长条形环绕凹陷缢缩斑，引起幼苗折断倒伏；顶部若发生坏死斑则造成幼苗顶枯。叶片发病病斑呈灰绿色，有同心轮纹，后变褐色，上生粉红色或黑色孢子堆，后期破裂穿孔。茎和叶柄发病，产生梭形黄褐色溃疡斑，致使叶柄盘曲以及茎扭折，俗称"扭下盘"，发生在花梗和花盘上的则称"扭上盘"，造成干花干籽。茎基部发生的病斑除了会引起成株倒伏，还会诱发羊肠头（根茎芽）腐烂。果实被害产生圆形或不规则形浅黄色凹陷斑，果皮腐烂。病害的发生及流行与气象因素和荫棚透光度关系密切。病部湿润有水滴或水膜是孢子的生成、传播以及萌发侵入的重要条件，因此，该病多发生在高温高湿的 6～7 月，尤其是连续降水或久雨不晴容易造成病害的大发生。雨后天气闷热、不及时打开园门排湿以及天棚过稀、透光度过大，均可导致病害严重发生。防治方法如下。

（1）冬季清洁田园，及时烧毁病残体。

（2）采用配方施肥技术，施足腐熟的有机肥，增施磷钾肥，提高抗病性。

（3）种子处理。用 43％福尔马林 150 倍液浸泡红籽 10 分钟，脱去软果皮后，用 0.5％～1.5％甲基托布津可湿性粉剂拌种。也可用 75％甲基托布津 400 倍液与 45％代森锌可湿性粉剂 200 倍液按 1：1 混合后浸种 2 小时，防效优异。

（4）提倡采用避雨栽培法。雨季用塑料膜遮盖荫棚顶部，防止雨水淋湿植株，发病率明显降低。

（5）调节天棚或使用遮阴网控制透光度。三七幼苗期荫棚的透光度调节到 17％～25％为宜，二至四年生三七的透光度以平均 20％～35％为宜。每年早春或秋末透光度可略高些。

（6）在出苗期或雨季胶雨季后，及时喷洒 45％代森锌可湿性粉剂 400 倍液，或 75％甲基托布津可湿性粉剂 1000 倍液，或 50％多菌灵可湿性粉剂 800～1000 倍液，或 25％炭特灵可湿性粉剂 500 倍液，或 25％苯菌灵乳油 900 倍液。

26. 如何防治三七根腐病？

根腐病是三七的重要病害，在云南、广东、广西等产区一般发病率为 5％～

20%，严重时高达 60%～70%。三七生长年限越长，该病发病越突出，严重影响生产。根腐病又名鸡屎烂，为害根部，受害根部由黑褐色逐渐呈灰白色软腐浆状汁，有腥臭味。该病多发生在 6～8 月雨季，三七种植年限越长，发病越严重，病株常由侧根先开始烂，发展到主根，或者在根状茎头及茎基部出现黄褐色病斑，不断扩大蔓延，导致根部全部腐烂，病株出现叶色不正常，然后地上部萎蔫、下垂，直到全株枯死。剖开病根可见沿维管束组织变黄褐色。后期病根全部呈黑褐色或灰白色稀泥浆状，七农俗称"鸡屎烂"。该病菌主要以菌丝体、厚垣孢子在土壤、病残体上越冬。通过菌土转移（灌溉流水和土壤耕作等）或带病种苗传播；病残体堆制未腐熟的肥料也能传病。病菌通过根部的伤口或根茎（羊肠头）的自然裂口侵入。冷害、机械伤、时干时湿和栽苗时伤根以及地下害虫和线虫为害造成的伤口是病菌侵入的最好途径。轮作年限短、土壤黏重、地势低洼、排水不良、耕作粗放及整地不平等因素对三七根茎发育不利，会导致根腐病发生较重。该病在 3 月出苗期就有发生，6～9 月高温多雨时发病最重，10～12 月低温少雨时发病率明显下降。防治方法如下。

（1）选用无病健康的种子和种苗。

（2）选择排水良好、土壤疏松的地块种植三七。

（3）实行 5 年以上轮作，一般三七连作不宜超过 3 年。

（4）抓好三七园的管理，及时清除病株或病根，病穴用石灰或药剂消毒。冬、春两季要防止土壤忽干忽湿，旱季要及时浇水，雨后及时排水，提倡施用酵素菌沤制的堆肥。

（5）发病初期用 1∶2∶250～300 倍波尔多液或 12%绿乳铜乳油 600 倍液浇灌根部。

27. 如何防治三七黑斑病？

黑斑病在广西、云南产区普遍发生，一般发病率为 20%～35%，严重时达 90%，是造成三七减产、种子干瘪的主要原因之一。三七的茎、叶、叶柄、花轴、果实、果柄、根、根茎及芽部等部位均受害，尤以茎、叶、花轴等幼嫩组织受害最重。茎、叶柄及花轴受害，初为椭圆形凹陷褐色斑，上下或不规则形水渍状褐色斑，潮湿时病斑扩展很快。后期病斑破裂，叶片脱落。果实和种子被害也生褐色斑，果皮干缩，种子变米黄色至锈褐色。为害根芽部（羊肠头）产生褐色腐烂斑，向下扩展形成根腐，一年四季都可能发生。该病的初侵染源主要是病残株和带菌种子。种子和种苗（子条）带菌是造成苗圃和新辟三七园发病的原因。

当环境条件适宜时（气温在15 ℃以上，相对湿度80％左右）分生孢子就会萌发侵染为害，同时引起再次侵染。分生孢子靠风雨、浇水飞溅等方式传播。一般3月出苗期就可在茎部出现病斑；4～5月天旱少雨发病少；6～9月雨季气温与湿度升高，病害蔓延迅速，叶片、叶柄、花轴等部位相继发病；10～12月低温干燥病情也相应减缓。二年生以上三七发生根腐是由于上年茎叶受害枯死而后侵染根茎及根所造成。防治方法如下。

（1）选用无病种苗，做好种苗消毒工作：用代森铵或多菌灵1∶500倍液＋新高脂膜浸种可达到消毒的目的。

（2）三七园一般宜选用生荒地，忌连作，尤忌与花生连作，可与非寄土作物如玉米等轮作3年以上，以减少田间菌源数量。

（3）及时清除中心病株、病叶、病根与杂草，并一同烧毁作肥料用。

（4）合理密植，控制田间透光度。

（5）加强水肥管理，使种苗生长健壮、抗病力强。除施足基肥外，要适时喷施药材根大灵提高植株自身抗病能力。

（6）试验表明，代森铵、代森锌（1∶300倍）混合液加上新高脂膜对此病均有较好的防治效果。

28. 如何防治三七锈病？

锈病在广西、云南三七主产区发生普遍，为害严重，发病率一般为20％左右。三七整个生长发育期都可感染发病。该病主要为害叶片，茎、花梗和果实等部位也可受害。发病初期在叶背产生针头大小、水青色至黄白色的疱斑，扩大后呈近圆形或放射状排列，边缘不整齐，破裂后露出锈黄色花朵状的夏孢子堆，外围有褪绿晕圈。疱斑也可发生于叶面。后期病斑多痂化或穿孔。严重发生时病叶卷曲不能展开，或叶片变黄脱落光秆。花果受害萎黄干枯。后期在叶背均匀散生橘黄色的冬孢子堆，锈粉不脱落也不散开。该病病菌在病残枝叶和根茎芽（羊肠头）上潜存越冬，带菌的种苗也是病害的侵染来源。次年早春2～3月，病菌侵染新抽生叶的叶背，导致叶片卷缩，变黄，枯萎脱落。产生的夏孢子通过风雨传播，成为株间再次侵染的菌源；4月后陆续出现夏孢子堆，扩展至叶面；7～8月锈病为害加剧，孢子堆亦变大，造成第二次落叶高峰。11月以后在叶背产生冬孢子堆。气温在18～22 ℃、雨水多、相对湿度高或叶面有凝结露滴时，最适于发病。天棚盖得过密，棚内光线弱，空气不流通受害也重。在浙江，三七锈病发生也有二次高峰，分别在5～6月、9～10月。防治方法如下。

（1）冬季剪除病株的茎叶，喷 1～2 波美度石硫合剂。

（2）发病期喷二硝散 200～300 倍液，或 0.3 波美度石硫合剂，或敌锈钠 300 倍液，每 7 天喷 1 次，连喷 2～3 次。

29. 如何防治三七白粉病？

白粉病是广西、云南三七产区常见的病害之一。主要为害叶片，其次是叶柄、花盘及果实等。叶片受害，主要在叶背上产生灰白色近圆形的粉霉斑，继而粉霉斑迅速扩大连接成片，严重时粉霉斑变黄白色，叶片干枯脱落。花盘、果实受害时开花不结籽，影响种子饱满度。该病病菌的菌丝体在根茎（羊肠头）上越冬，因此幼苗出土即开始发病。病斑上产生的分生孢子通过气流传播引起再侵染。一般日平均气温在 20～28 ℃，相对湿度 49％以下的高温干燥及大风天气发病蔓延最快，为害最重。防治方法如下。

（1）加强田间管理，合理降低密度，改善通风透光条件。

（2）施肥要注意氮、磷、钾三要素的合理搭配。

（3）发现中心病株，立即拔除，深埋，销毁。

（4）在发病初期喷施 70％甲基托布津 500 倍液或粉锈灵 500 倍液，连喷 2～3 次，能有效地控制病情。

30. 如何防治三七疫病？

三七疫病发病初期叶片上会出现暗绿色不规则病斑，随后病斑颜色变深，患部变软，叶片似开水烫过一样，呈半透明状干枯或下垂而粘在茎秆上。茎秆发病后亦呈暗绿色水渍状，病部变软、植株倒伏死亡。该病病菌以菌丝和卵孢子在病残体、土壤中越冬，翌年条件合适时，以菌丝体直接侵染根或形成大常孢子囊和游动孢子传播到地面上引起发病。风雨和人的农事操作是病害传播的主要方式。三七疫病常在多雨季节发生，一般早春阴雨或晚秋低温多雨均易诱发此病。通风透光不好，土壤板结，植株密度过大都有利于此病的发生和蔓延，干旱少雨天气转凉后发病轻。防治方法如下。

（1）保持田园清洁，冬、春两季清除枯枝落叶集中烧毁，并喷施 0.8～1.2 波美度石硫合剂。

（2）发病前用 1∶1∶200～300 波尔多液进行预防。

31. 如何防治短须螨为害三七？

短须螨又名火蜘蛛，属蜘蛛纲蜱螨目叶螨科，成虫、若虫群集于三七植株叶背吸食汁液并拉丝结网，使叶变黄，最后脱落。花盘和果实受害后造成萎缩和干瘤。防治方法如下。

（1）冬季清园，拾净枯枝落叶并烧毁，清园后喷 1 次波美度石硫合剂。

（2）4 月开始喷 0.2～0.3 波美度石硫合剂，或 20％三氯杀螨砜可湿性粉剂 1500～2000 倍液，或 25％杀虫脒水剂 500～1000 倍液喷雾，每周喷 1 次，连续喷数次。

### 32. 如何防治蛞蝓为害三七？

蛞蝓又名旱螺蛳或鼻涕虫，为一种软体动物。咬食三七种芽、茎叶成缺刻。晚间及清晨取食为害。防治方法如下。

（1）冬季翻晒土壤。

（2）种植前每公顷用 300～375 千克茶籽饼做基肥。

（3）发生期于畦面撒施石灰粉或用 3％石灰水喷杀蛞蝓。

### 33. 如何采收三七？

三七一般于立秋前后采收生长三年以上的植株。起挖前 10 天剪去地上部分，选择晴天起挖，挖时注意防止损伤主根。挖起后的三七，除去茎秆后，洗净，剪下须根，晒干即得"七根"。去须根的三七晒 2～3 日后，当发软时，剪下支根和芦头，分别晒干，前者为"剪条"，后者为"剪口"。余下的主根，经揉搓、暴晒至半干，再搓揉，反复 7～8 次至坚实全干，再将之拌上粗糠、稻谷或蜡块在麻袋中往返冲撞，以增加光洁度，所得为春三七，又名"春七"；而在 12 月至翌年 1 月开花结果后采挖者，因开花结果后养分损失，质量略差于"春七"，称为"冬七"。

### 34. 如何加工三七？

将挖回的三七根摘除地上茎，洗净泥土，剪去芦头（羊肠头）、支根和须根，剩下部分称"头子"。将"头子"暴晒 1 天，进行第一次揉搓，使其紧实，直到全干，即为"毛货"。将"毛货"置麻袋中加粗糠或稻谷往返冲撞，使外表呈棕黑色光亮，即为成品。如遇阴雨天气，可在 50 ℃以下的温度烘干。

### 35. 怎样鉴别三七真假？

（1）正品三七：呈类圆锥形或圆柱形，表面为灰褐色或灰黄色，顶端有茎痕，周围有瘤状突起，俗称"猴头三七"。体重，质地坚实，打碎后断面呈灰绿色或黄绿色，气微，味苦而回甜。鉴别三七时，首先要留意三七上端的茎痕，如果保管不慎，茎痕部位容易长霉，由于霉菌和三七的颜色很像，不留意则难以发

现。然后要将三七用力掰，好的三七质地坚实，不容易被掰断；如果掰断时感觉柔韧，则说明三七含水量超标，往往是用水润过的，干燥后会失重 30% 左右，且易变质；掰断后仔细观察断面，优质三七的断面充实而呈绿色，如果断面干枯并呈白色，则多为病三七，药用价值较低。最后取小块三七口尝，优质三七味苦而回味持久且渣滓较少，劣质三七味淡而渣滓较多。

（2）伪品三七：伪品三七主要有两类，一类是以莪术等相似药材经加工而成，另一类是以名称类似的植物冒充三七。

①加工类伪品：莪术和三七质地相似，是最常用作为加工伪品三七的原料，加工者取莪术，去外皮，用刀雕刻成三七外形来冒充三七。这类伪品的形状、颜色和正品三七相似，但无外皮，且可看到刀削痕迹，质地坚实极难掰断，口尝味微辛辣。还有一种压制的伪品三七，原料不详，外形和正品相似，无外皮，表面呈灰黄色，质地坚实，敲碎无植物组织构造，断面呈白色，粗颗粒状，味淡。

②冒充类伪品：常见的有菊三七、藤三七和景天三七等，这些植物在民间都作为三七使用，但和正品三七来源、成分、功效都有较大差别，不可混淆。菊三七为菊科植物的根茎，又称为"土三七"或"血三七"，呈拳块状，表面为灰棕色或棕黄色，全体有瘤状突起，质地坚实，断面中心疏松或有时中空。藤三七为落葵科植物的块茎，呈不规则块状，断面粉性，味微甜，嚼之有黏性。景天三七为景天科植物的根和根茎，有时也以全草入药，全草可见茎呈圆柱形，青绿色，易折断，断面中空，叶多脱落，残留叶皱缩或破碎；块根数条，粗细不均，表面呈灰棕色，质硬而脆，断面为暗棕色或类灰白色；支根呈圆柱形或略带圆锥形，表面呈剥裂状。

# 泽 泻

### 1. 泽泻有什么药用价值？

泽泻用于治疗水肿、小便不利、淋浊、带下等症，常与茯苓、猪苓、车前子等配伍；用于治疗泄泻及痰饮所致的眩晕，常与白术配伍。此外，治疗肾阴不足、虚火亢盛，可与地黄、山茱萸等同用。泽泻利水为佳，有伤阴的可能，更无补阴之效用，所以阴液不足的患者应慎用。

在现代药理研究的进展中，许多中药在治疗高脂血症方面，显示出独特的效果和优势，具有防治动脉硬化并兼有抗血栓形成、抗心绞痛、降低血压等作用，其中泽泻备受医药学者的青睐。泽泻通过干扰胆固醇的分解、吸收和排泄，即通过抑制食物中胆固醇和甘油三酯的吸收，影响胆固醇在体内的代谢，加速甘油三酯的水解或抑制肝脏对甘油三酯的合成，而达到降低血清胆固醇、甘油三酯的目的。此外，泽泻也具有一定降压、降血糖、抗心肌缺血和抗脂肪肝等功效，因此，国内外学者已将泽泻视为一种广谱降血脂药，其对防治冠心病和动脉粥样硬化等疾病有显著疗效。

### 2. 泽泻有什么形态特征？

泽泻为多年生水生或沼生草本。块茎直径为 1～3.5 厘米或更大。

叶：通常为多数；沉水叶呈条形或披针形。

花：花葶高 78～100 厘米，或更高；花序长 15～50 厘米，或更长，具 3～8 轮分枝，每轮分枝 3～9 枚。花两性。

果：瘦果椭圆形，或近矩圆形，长约 2.5 毫米，宽约 1.5 毫米，背部具 1～2 条不明显浅沟。种子为紫褐色，具凸起。花果期 5～10 月。

### 3. 泽泻适宜哪种生长环境？

泽泻野生于沼泽、河沟等潮湿地区；栽培地多在海拔 800 米以下的肥沃而稍带黏性的土壤。泽泻具有喜光、喜湿、喜肥的特性，要求气候温和、光照充足、土壤湿润的生长条件。育苗移栽后约 120 天就可收获。泽泻产于黑龙江、吉林、辽宁、内蒙古、河北、山西、陕西、新疆、云南等地，最适宜泽泻生长的地区是福建、广东、广西、四川。

**4. 如何处理泽泻种子？**

泽泻生产上一般采用播种育苗繁殖的繁殖方法。其种子的处理方法是在播种前将种子经风选，用清水浸种一昼夜，捞起稍滴干水分，再用40%福尔马林液浸种消毒5分钟，取出，马上用清水洗去药液滴干水，并用10～15倍的草木灰与种子拌匀。

**5. 泽泻什么时候播种最好？**

秋种泽泻在6月下旬至7月上旬播种，播种时将拌草木灰的种子均匀撒于畦上，然后用竹扎扫帚将畦面轻轻拍打，使种子与泥土黏合，以免灌水或降雨时种子浮起或被冲走。一般每亩用种1～1.5千克。

**6. 如何进行泽泻苗床整地？**

整地时灌满田水，犁耙1次，每亩施腐熟的厩肥3000千克左右，以后再进行1～2次犁耙，使土壤充分溶烂，待浮泥沉清，将水排除，按宽1.2厘米，高10～15厘米起畦成龟背形，以待播种。经过整理的秧田，底板硬，播种面软，较适宜播种泽泻。

**7. 泽泻苗期如何管理？**

泽泻播种期正值夏季，光照强，温度高，需在畦上扦插蕨草或搭矮棚遮阴，以防强光伤害幼苗。荫蔽度为60%左右。以后加强管理，注意灌水，保持畦面有一层薄薄的水层。如遇暴雨，应灌水护苗，仅露苗尖，雨过即排水。长出3～4片真叶时，即将荫蔽物拆除，并进行首次追肥，每亩用腐熟的人畜粪水1000千克。追肥前先进行一次间苗并结合除草，将过密弱苗、病苗间除掉。以后可视幼苗的生长情况适当追肥。待苗高10厘米以上，有5片以上真叶时便可移栽。

**8. 泽泻什么时候移栽较好？**

秋种泽泻移栽期为7～8月，冬种泽泻于9～10月上旬进行移栽，最晚不超过10月。移栽所用秧苗，以生长粗壮、无病害的矮秧、壮秧为好，其高度最好在10～12厘米。这种秧苗栽后不易被风吹倒，成活率高，发棵大。起苗前几天，秧田要保持浅水。起苗时用拇指和食指将秧苗连根扣起，宜随起随栽，最好在阴天或下午3时后移栽。要栽得浅，栽得直，避免苗芯插入泥中。定植株行距20厘米×25厘米或25厘米×25厘米。每亩栽苗8000～10000株。

**9. 种植泽泻如何选地？**

种植泽泻选地宜选择排灌方便、光照充足、土质肥沃、保水性强的水稻田、莲田。山冲冷水田、土温过低的烂泥田、锈水田、盐碱田不宜种植泽泻。

**10. 泽泻栽植田如何整地？**

秋种泽泻种植地在早糙稻收获后进行整地，冬种泽泻则在晚糙稻收获后进行整地。犁耙 1 次后，经一段时间沤田（秋种地需沤田，冬种地可不沤田），每亩施饼肥、过磷酸钙、厩肥约 2500 千克，再进行 1 次犁耙，将田面耙平，使土壤溶烂，待浮泥沉清，即可插苗。

**11. 如何进行泽泻田间管理？**

泽泻移栽后发现有倒伏的秧苗，应在第 2 天扶正；缺株应立即补齐，以确保全苗。泽泻中耕主要是耘田除草，并结合施肥，一般进行 3 次左右。通常先追肥后耘田，拔除杂草连同黄枯叶踏入泥中。第一次中耕追肥于幼苗插入大田返青后（即移栽 15 天左右）进行；第二次追肥耘田在第一次追肥后 20 天进行。以上 2 次每亩施人畜粪水 1000～1500 千克或硫酸铵（或碳酸氢铵）10～15 千克；第二次适当增施磷肥和饼肥 50 千克；第三次在封行前进行，每亩施人畜粪水 1000 千克，磷肥和饼肥 60 千克，草木灰 100 千克，施后耘田。

**12. 如何进行泽泻田间灌溉、排水？**

泽泻在整个生长期需要保持田内有水，灌水的深浅要根据泽泻的不同生长期进行，在插秧后至返青前宜浅灌，水深为 1 厘米即可，以后逐渐加深，经常保持 3～7 厘米的深水。到生长末期即成熟收获前夕，逐渐排干水，有利于采收。

**13. 如何为泽泻摘薹除芽？**

泽泻的侧芽和抽薹要消耗大量养分，影响块根生长，在植株周围长出侧芽时要及时摘除。一些早薹的植株和非留种田应及早将其花薹打掉，打薹时应摘至薹基部，免得以后又发侧芽，增加工作量。

**14. 如何防治泽泻白斑病？**

该病原菌是真菌中半知菌壳二孢属引起的泽泻叶部病害。发病初期叶片上出现许多细小的红褐色圆形病斑，扩大后中心呈灰白色，周围呈暗褐色，病部、健部界限明显。病情发展后叶逐渐变黄枯死，但原病斑仍很清楚。叶柄被害时，出现黑褐色梭形病斑，中心略下凹，以后病斑相互衔接，呈灰褐色，最后叶柄枯死。每年的 10～12 月间是该病的易发期，严重时整个叶片枯死。防治方法如下。

（1）初发时摘除病叶烧毁或深埋。

（2）可选用 1∶1∶100 波尔多液，50％甲基托布津可湿性粉剂 500～600 倍液，或 65％代森锌可湿性粉剂 500～800 倍液等药剂进行喷洒防治，每 7～10 天喷 1 次，连喷 2～3 次。

### 15. 如何防治泽泻白绢病？

该病的病原菌是由半知菌小核属真菌齐整小菌核引起泽泻茎基部病害。受害病株的地上部分初期长势差，以后叶片逐渐枯萎，植株根部变黑腐烂，在茎基部的叶柄丛内产生许多棕色小粒状菌核，呈油菜籽状，球形或卵球形。该病通常在 10～11 月高温天气时易发病。防治方法如下。

（1）及时拔除病株，并在周围撒上石灰。

（2）发病初期将植株周围的土刨松，拌入木霉制剂 10～20 克（1 千克麦麸加水 0.3 克的木霉菌制成），有明显的防治效果。

### 16. 如何防治泽泻猝倒病？

猝倒病是由真菌引起的一种苗期病害。发病时在泽泻幼苗茎基腐烂，幼苗猝倒，致使植株枯死。发病原因主要是播种太密、施用未腐熟的肥料及灌水过深。

防治方法：发病后用 1∶1∶200 的波尔多液喷洒植株，肥料要充分腐熟，灌溉水深适度。

### 17. 如何防治泽泻缢管蚜？

泽泻缢管蚜属同翅目蚜科昆虫，无翅成虫群集于叶背和嫩茎上吸吮汁液，导致叶片枯黄，影响块茎生长和开花结果。天气闷热或雨天，成虫繁殖快，为害严重。

防治方法：在发生期，选用 40％乐果乳油 1500～2000 倍液，或 80％敌敌畏乳油 1500～2000 倍液喷雾防治，每 7 天喷 1 次，连续喷 3～4 次。

### 18. 如何防治泽泻银纹夜蛾？

该虫以幼虫咬吃泽泻叶片成孔洞或缺刻为害泽泻生长，严重时整株叶片被吃光，只剩下叶脉，影响植株正常生长。防治方法如下。

（1）利用幼虫的假死性进行人工捕捉。先在簸箕内放入卵石，再振动泽泻叶片，把虫震落于簸箕内，然后滚动卵石碾死幼虫。

（2）在发生期用 90％晶体敌百虫 1000～1500 倍液喷雾防治。

### 19. 如何采收泽泻？

泽泻自移栽后 100～120 天即可收获。一般应掌握，立夏播种的在冬至前采收，大暑前播种的在冬至后采收，即秋种泽泻可于当年 12 月下旬采收，冬种泽泻在次年 2 月未抽薹前采收。收获过早则球茎发育尚不完全，个头细小，同时顶端幼嫩，烘干后顶端则发生凹下状；如果收获过迟，又会再发生新芽，球茎的养料继续被消耗，降低质量。收获时，一手执镰刀在泽泻周围划破泥土，由于泽泻根浅，入泥土不深，一手即可轻轻提取球茎，洗去须根上的附泥，去掉叶子。但应留球茎中心的小叶片，以免烘时流出黑色液汁，干燥后发生凹陷，降低品质。

20. 如何加工泽泻？

将掘取的泽泻球茎去掉一部分大叶子，用微火烘干，火力不能过大，否则球茎色泽变黄。上炕 24 小时后即须翻炕 1 次，除去灰渣，大约 3 昼夜即可完全干燥，然后放置在两头尖的竹兜中，两人来回互相撞击，撞去须根及粗皮，即变成光滑、呈淡黄白色的泽泻。

# 砂　仁

**1. 砂仁有什么功效?**

砂仁，别名春砂仁，为姜科植物。砂仁性味辛温，入脾、胃、肾经，具有行气和中、开胃消食、温脾止泻、理气安胎的作用，可治胃肚胀痛、食欲不佳、呕吐恶心、肠炎痢疾、胎动不安等症。砂仁芳香能健胃，久煎延长力减退。砂仁辛温调味佳，行气调中能破滞。化湿醒脾治泻痢，妊娠恶阻安胎宜。

**2. 砂仁的生物学特性是怎样的?**

砂仁原产地广东阳春市年平均气温 22～28 ℃，这是砂仁生长的适宜温度，砂仁特别在花果期对温度的要求更严格，在 15～19 ℃ 间生长缓慢。不耐寒，但能忍受短期的 1～3 ℃ 低温。砂仁的发育阶段对温度要求更为严格，如早期气温低，花芽分化就要推迟，花期气温要在 22 ℃ 以上才有利于授粉结实。气温在 22 ℃ 以下开花不正常，气温在 25 ℃ 以上有利于授粉，结果率高；气温在 17 ℃ 以下花苞停止开放，不散粉而干枯。

砂仁喜湿怕旱，在不同生长发育阶段对水分的要求也不同，在花芽分化初期要求水分少些，土壤含水量在 15％～20％（土壤以不发白为度）。孕苗期至开花期栽植地小气候要求空气相对湿度在 90％ 以上，土壤含水量在 22％～25％，才利于授粉结实。果期要求土壤含水量在 24％～26％ 为宜，干旱或水涝都会造成严重落果。

砂仁属于喜阴植物，适合在漫散光下生长，强直射光对其生长发育不利。它在生长发育过程中需要一定的荫蔽条件，新栽种的砂仁需要荫蔽度 70％～80％；三年生以后到达开花结果年限荫蔽度以 50％～60％ 为宜。砂仁对土壤要求不严格，但以富含腐殖质中性或微酸性肥沃、疏松的沙壤土为好。

**3. 砂仁对环境有什么要求?**

我国砂仁的主产区年平均气温在 19～22 ℃，年降水量 1000 毫米以上，年平均相对湿度 80％ 以上。砂仁如遇短暂霜冻尚能忍耐，若霜冻连续几天则会出现冻害。花期要求空气相对湿度在 90％ 以上，土壤含水量在 24％～26％ 时，有利于开花结实。

砂仁需要一定的荫蔽条件，但它在不同生长发育阶段对荫蔽度的要求各异。砂仁苗期以 70%～80% 的荫蔽度为宜；到开花结果年限后，在壤土或黏壤土或阴坡种植的砂仁植株以 50%～60% 的荫蔽度为宜；如在砂土或阴坡种植地，以 60%～70% 的荫蔽度为宜。荫蔽度调节不当对砂仁植株的生长影响很大。荫蔽过多，则花少，产量低；荫蔽太少，生长不良，易发生日灼病、叶斑病等。

### 4. 砂仁的生长发育习性如何？

砂仁有分株生长的习性。当植株生长到有 10 片叶时，从茎基部生长出伏地生长的根状茎，又称匍匐茎，然后在根状茎上再生长出直立茎，即第一次分生植株。这样不断地分生新株。每年老株枯死，新株再生，维持一个相对稳定的植株群体。砂仁园的分株快慢及植株密度，可以通过栽培技术措施，特别是水肥管理予以调节控制，使其有利于稳产、高产。砂仁种植 2～3 年进入开花结果期，花序从根状茎上抽出。在广东阳春，每年 4 月下旬至 6 月开花。花序自下而上开放。一般每天开放 1～2 朵，5～7 天开完。每天 6 时开花，16 时凋萎，8～10 时为散粉盛期，由于花器构造特殊，不适于风媒传粉，一般小昆虫也不易传粉。因此，在缺少优良传粉昆虫的地方，砂仁的自然结果率很低，仅为 5%～10%，果实成熟期为 8～9 月。

### 5. 砂仁的产地和分布如何？

（1）阳春砂：生于气候温暖、潮湿、富含腐殖质的山沟林下阴湿处，分布于福建、广东、广西、云南等地，现广东、广西、云南均大面积栽培。

（2）绿壳砂仁：生于海拔 600～800 米的山沟林下阴湿处或栽培，分布于云南南部。

（3）海南砂仁：生于山谷密林中，分布于海南，现广东、海南大面积栽培。

### 6. 阳春砂有什么形态特征？

阳春砂为多年生草本，株高 1.2～2 米。根茎呈圆柱形，叶无柄或近无柄。蒴果椭圆形，长 1.5～2 厘米，直径约 1.5 厘米，具不分枝的软刺，棕红色。种子多数，聚成一团，有浓郁的香气。花期为 3～5 月，果期为 7～9 月。

### 7. 绿壳砂仁有什么形态特征？

绿壳砂仁为砂仁变种，与正种外部形态极相似，区别点是绿壳砂仁根茎先端的芽、叶舌多呈绿色，果实成熟时变为绿色。花期为 4～5 月，果期为 7～9 月。

### 8. 海南砂仁有什么形态特征？

海南砂仁与其他砂仁不同之处在于：海南砂仁的叶舌极长，一般长 2～4.5

厘米；果具明显钝 3 棱，果皮厚硬，被片状、分裂的柔刺，极易识别。花期为 4～6 月，果期为 6～9 月。

**9. 砂仁的繁殖方法有几种？**

砂仁繁殖一般分为种子繁殖和分株繁殖两种方法。

**10. 砂仁如何进行种子繁殖？**

选择饱满健壮的砂仁果实，播种前晒果 2 次，晒后进行沤果，保持沤果温度（30～35 ℃）和一定湿度，3～4 天即可洗擦果皮，晾干待播。育苗的苗圃地要选择背风、排灌方便的地方，进行深耕细耙做畦，畦高 15 厘米、宽 1～1.2 米。施足基肥，每亩施过磷酸钙 15～25 千克，与牛粪或堆肥混合沤制的有机肥料 1000～1500 千克。春播 3 月，秋播 8 月下旬至 9 月上旬，开沟条播或点播。播前先搭好棚架，开始出苗时，即加覆盖遮阴，荫蔽度达 80%～90% 为宜。有 7～8 片叶时，可适当减少荫蔽，但荫蔽度不能低于 70%。

施肥要掌握薄施、勤施的原则。第一次施肥在幼苗长出 2 片叶时进行，每亩用硫酸铵氮肥 1.5～2 千克对水 1500 千克；第二次在幼苗长出 5 片叶时进行，每亩用氮肥 3 千克对水 1500 千克；第三次在幼苗长出 8～10 片叶时进行，长出 10 片叶以后每半个月或每月追肥 1 次，每亩用氮肥 3 千克对水 1000 千克。要经常淋水，保持土壤湿润。冬季和早春可增施腐熟的牛粪和草木灰，以增强幼苗的抗寒能力。有寒潮来时，在畦北面设风障和在田头熏烟防寒。苗高 10～15 厘米时进行间苗，苗高约 50 厘米时即可出圃定植。

**11. 砂仁如何进行分株繁殖？**

选生长健壮的植株，截取具有芽 1 个以上的幼苗和壮苗为种苗。春栽 3 月底至 4 月初，秋栽 9 月，以春栽为好，选阴雨天进行。株行距为 65 厘米×65 厘米或 1.3 米×1.5 米，种后盖土，淋水，随即用草覆盖，以后勤淋水，细致管理。

**12. 种植砂仁如何选地、整地？**

种植砂仁应选择肥沃、疏松保水、保肥力强的沙壤土或轻黏壤土为好。湿度大、有水源的阔叶常绿林地和排灌方便的山坡、山谷、平地，均可种植。砂土和重黏土不宜选用。山区种植，种植前进行开荒，除净杂草和砍除过多的荫蔽树，而荫蔽树不够的地方应注意补种。在开荒同时开挖环山排灌水沟，以防旱排涝。在砂仁地附近多种植果树，以扩大蜜源，引诱更多的昆虫传粉。在平原地区种植，应开沟作畦，畦宽 2.6～3 米、长 24～30 米，沟宽 35 厘米、深 15～35 厘米。畦面造成龟背形，以防积水，还要注意营造荫蔽树。先种芭蕉、山毛豆等生长快的作物作临时荫蔽树，后种高大的白饭树、楹树及果树作永久荫蔽树。

### 13. 如何进行砂仁田间管理？

新种植砂仁未达开花结果年限之前，要求有较大荫蔽度，荫蔽度以保持70％～80％为宜。每年须除草5～8次；雨季每月1次。施肥除施磷钾肥外，要适当增施氮肥，每年2～10月施肥3～4次。要注意经常浇水，保持土壤湿润。

砂仁进入开花结果年限后，在花芽分化期，需要较多的阳光，平均保持50％～60％的荫蔽度较适宜。但是在保水力差的砂质土壤，或缺乏水源，不能灌溉的砂仁地，应保持70％左右的荫蔽度。每年主要除草2次。第一次除草在2月进行，除净砂仁地内、外的杂草和枯枝落叶，割去枯苗、弱苗、病苗、残苗并将它们清出园外，堆沤制肥，同时在苗密的地方适当剔去部分春苗。第二次除草在8～9月收果后进行，除净杂草，将易腐烂的杂草铺盖匍匐茎，保湿、保温，增加土壤有机质。其余杂草清出园外集中堆沤制肥。

### 14. 种植砂仁如何施肥？

新植砂仁施肥以施有机肥料为主，化肥为辅，每年2月，主要施磷钾肥，适当施氮肥，每亩施过磷酸钙25～40千克（拌土沤熟）和尿素2～3千克或硫酸钾肥、有机肥料700～1000千克。立冬前后（11月）每亩施用有机肥1000千克左右。并适当培土，以不覆没匍匐茎为宜。

砂仁苗群经开花结果后，消耗了大量的营养物质，这时又是新的匍匐茎生长和秋笋长出期，需要大量的养料。因此，砂仁收果以后重施肥料是秋冬管理工作的关键。一般在9～10月间，每亩施用厩肥1000千克、草皮灰2500～3000千克、钙镁磷50千克、磷酸二氢钾20千克、尿素15千克，分2次混合均匀后，在雨后或灌溉土壤湿润时撒在砂仁地内。每次施肥后，用肥沃的粉碎土撒在肥面上，以保肥培土。值得注意的是，施肥不宜在天气干旱、土壤干燥时进行，以免造成大面积的烧苗，影响来年砂仁的产量。进入冬季，气候寒冷，如遇霜冻袭击，砂仁植株容易被冻死，必须施放越冬肥料。一般每亩施沤制好的火烧土或猪粪、牛粪、马粪800～1000千克。施肥后覆盖新土，以利于防寒保暖。

### 15. 如何进行砂仁田间灌溉？

入秋以后，降水量减少，常出现秋旱，对砂仁苗群恢复长势、匍匐茎生长和秋笋的长出很不利。因此，如遇上连续半个月不下雨，必须在砂仁地内开横直沟，放水进入使土壤慢慢渗透，或人工进行喷淋，保持土壤湿润，满足苗群对水的需要，促进新匍匐茎和秋笋的生长。

### 16. 如何调节砂仁的荫蔽度？

光照对砂仁的生长发育至关重要，荫蔽度过大往往导致砂仁植株徒生，苗群开花结果少。砂仁地内的荫蔽树，随着枝头的生长，叶片的长出，会使地内荫蔽度增大，透光度减少。因此，每年要结合割除砂仁老株时，将部分生长过密、荫蔽度大的树枝进行适当疏枝，使地内透光度保持在 50% 左右，以利于苗群的生长发育，提高砂仁产量。

### 17. 砂仁如何除杂草、割老株？

每年砂仁果实采收后，就将砂仁地内生长的杂草用手拔除，砂仁地四周 1 米范围内的杂草也割除干净，把土翻松，有利于苗群向外扩展。与此同时，把砂仁苗群中的枯黄、病弱株割除，清出砂仁地外，晒干后与杂草一起堆积烧掉，并用甲基托布津 1000 倍液喷洒苗群 2～3 次，每隔 7～10 天喷 1 次。通过除草割老株，使得砂仁苗群内通风透光，从而减少水分和养分的消耗，减轻病害发生，对苗群生长有促进作用。

### 18. 如何保护砂仁苗安全越冬？

在西南和中南地区，每年 12 月至翌年 3 月初是最寒冷的季节。在这段时间护理好砂仁苗越冬是夺取增产的有效措施。护理方法如下。

（1）砂仁苗一般在 2～3 ℃ 的温度下就会死亡，但如果每亩能施 1000 千克以上沤制过的草皮泥灰，或 150～200 千克草木灰，或两种灰混合再加少量钙、镁、磷肥，可提高砂仁种植地土温 1～2 ℃，从而增强苗群抗寒能力，同时还能促进花芽分化，并为春天植株的生长提供养分。

（2）砂仁为杂树林下作物，对于砂仁种植地地面上的树叶，在冬季应保留下来作为覆盖物，以提高土温，利于砂仁苗越冬。但须及时清除树权，以免树权压坏砂仁苗群。

### 19. 如何给砂仁进行人工授粉？

砂仁自然授粉结果率低，同时坐果后落果的情况相当严重，一般落果率达 40%。因此，人工栽培砂仁要获得高产高效，采取人工授粉和保果措施是必不可少的。

砂仁花期在 4～6 月，分 3 个阶段：初花期 5～10 天，开花数占总花数的 10%～20%；盛花期 15～20 天，开花数占总花数的 60%～80%，是人工授粉的最佳时期；末花期5～10天，开花数占总花数的10%～20%。砂仁花在盛花期早上6时开放，下午16时凋谢，花药散粉在上午8～10时最多，应在此时进行人工授粉。

人工授粉的方法有两种，一是抹粉法，用左手拇指和中指捏住花冠下部，用右手食指或竹片挑起雄蕊，将花粉抹上柱头，可自花或异花授粉，效果很好；二是推拉法，用拇指和食指挟住雄蕊和唇瓣，拇指将雄蕊向下和往上推拉，将花粉擦上柱头，推拉时用力要适当，防止损伤柱头。人工授粉可增加坐果率40%以上。影响落果的因素很多，过于干旱、积水、荫蔽、强阳光等都会导致落果，但最关键是养分不足，故幼果期应注意护理，最好喷施植物激素，预防落果。

20. 如何防治砂仁立枯病？

砂仁立枯病多发生在3～4月和10～11月，阴雨天气时发病严重。发病初期，茎基部出现黄褐色水渍状条斑。病情发展后，病斑变成暗褐色，最后收缩，植株折倒死亡。防治方法如下。

（1）幼苗出土后用1∶1∶140波尔多液喷洒预防。

（2）发现病株及时拔除，病穴撒石灰粉，再喷50%甲基托布津可湿性粉剂1000倍液，防止病害蔓延。

21. 如何防治砂仁叶斑病？

砂仁叶斑病终年发生，9～10月和翌年3月为发生高峰期。砂仁叶斑病为害叶片和叶梢，通常多从下部老叶逐渐向上蔓延。病叶初期会出现褐绿色小点，随后扩大为黄褐色的水浸状病斑。病斑扩大，中央呈灰白色，边缘棕褐色；湿度极大时，病斑生灰色霉层，随之病斑互相融合，使叶片干枯，严重时，整枝叶片枯死，继而茎秆干枯，全株枯死。防治方法如下。

（1）清理并烧毁病株，以防病害蔓延。

（2）施放1～2次石灰和草木灰（比例是1份石灰对2～3份草木灰），每亩施15～20千克，以增强植株的抗病能力。

（3）用50%甲基托布津1000倍液喷雾防治。

22. 如何防治砂仁钻心虫？

该虫以幼虫钻入嫩笋内为害，开始出现笋尖端干枯，随之发展到全枝，最后整株死亡。

防治方法主要是在成虫产卵期用40%的乐果乳油1000倍液，或90%的敌百虫原粉800倍液喷洒。

### 23. 如何采收砂仁？

砂仁在夏、秋两季当果实外部颜色由红紫色变为红褐色，果肉呈荔枝肉状，种子为黑褐色，嚼之有浓烈辛辣味的时候采收。此时加工干品率可达23%～25%。若采收过早，干品率只有16%～18%，药用效果差；若采收过迟，果实含糖分高，加工成品容易吸潮霉变。采收时切忌踩伤匍匐茎和碰伤幼笋，用剪刀细心将整个果穗剪下，不能用拔、拉的方式，以免拉断植株根茎，造成伤口引起病害，影响苗群生长和来年开花结果。

### 24. 如何加工砂仁？

砂仁的加工目前多采用火烘法。加工前首先用砖砌成一个长1.3米，高1米的烘炉，三面密封，前面开一个炉门，炉内80厘米高处横架数条木棍或铁条。分为杀青、压实、复烘三个工序进行加工。

（1）杀青。将果穗上的果实摘下，除去烂果，置于竹筛内；烘炉内用木炭生火，燃烧至火红后用草木盖上，再把竹筛放于炉内横条上，用麻袋或草席盖好，保持炉温50～60 ℃，烘烤2天，每隔2小时翻动1次，使果实干燥均匀。待果实烘烤到六、七成干，收缩变软，即可把它们取出进行下一道工序。

（2）压实。砂仁果实经过杀青，取出倒在竹筐内，先用手压实，再盖上麻袋，加适当重物压上，使果实的果皮与种子紧贴，放置一昼夜后取出复烘。

（3）复烘。将压实的砂仁果实摊放在竹筛内，放回烘炉，用50℃的温度烘烤至足干即为成品。

### 25. 砂仁的成品是什么样子的？

砂仁的成品分春砂仁和西砂仁两种。春砂仁呈椭圆形，外壳深棕色呈绿红，密具短刺状突出。种子聚集成椭圆形似卵圆形的团状，分三室，呈不规则的三角形，深棕色，芳香而浓烈，味辛辣。西砂仁的外壳为黄棕色，密具片状突起（好像荔枝壳），种子呈类圆形，外表为灰棕色，披有一层白霜，不容易擦掉，气味比春砂仁稍淡。春砂仁与西砂仁具有品质差异，价格不同，在加工时宜分级存放。

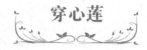

# 穿心莲

**1. 穿心莲有什么药用价值?**

穿心莲具有清热解毒、凉血消肿的功效,主治急性菌痢、胃肠炎、感冒、流介性脑脊髓膜炎、气管炎、肺炎、百日咳、肺结核、肺脓疡、胆囊炎、高血压、鼻出血、口咽肿痛、疮疖痈肿、水火烫伤、毒蛇咬伤等症。近年由于医学上限制抗生素的使用,穿心莲的需求量增大。

**2. 穿心莲有什么形态特征?**

穿心莲为一年生草本。茎高 50~80 厘米,下部多分枝,节膨大。叶片呈卵状矩圆形至矩圆状披针形。花序轴上叶较小,总状花序顶生和腋生,集成大型圆锥花序。蒴果扁,中有一沟,长约 10 毫米,疏生腺毛;种子约 12 粒,呈四方形,有皱纹。

**3. 如何处理穿心莲种子?**

穿心莲种子表面有蜡质层,种皮较坚硬,透性差。处理方法如下。

(1)温水浸种。种子用 45~55℃的温水浸泡 24 小时,取出摊开,用湿纱布覆盖保湿,每天用水冲 1~2 次。若室温为 23~30℃,4 天后就有少量种子萌芽,此时可播种。

(2)擦伤种皮。用细沙拌匀种子,放在水泥地上用砖头轻轻摩擦,直至种皮失去光泽,蜡质层部分磨损即可。应注意不要摩擦过度,以免损伤种子。

**4. 如何整理穿心莲苗床?**

穿心莲种子细小(千粒重 1.36~1.46 克),发芽要求温暖湿润的环境,因此苗床地应选择近水源的沙壤土。每亩放厩肥 2000 千克,耕翻 3~4 次,平整做畦,畦宽 100~130 厘米。畦面土块细碎疏松,整个苗床下实上疏。

**5. 种植穿心莲在何时播种最佳?**

穿心莲以春播为主。在广东、广西、福建等地于 2 月下旬到 3 月中旬进行播种。在海拔较高、气温较低的山区或江浙一带,留种用的穿心莲,于 3 月下旬至 4 月上、中旬采用温室育苗;作为商品的穿心莲,于 5 月上旬前完成播种,否则生育期短、产量低。可采用条播的方式,行距 33 厘米,将种子均匀撒于沟内,用细肥土覆盖，再以塑料薄膜覆盖土面，提高地温。有条件的可用双层薄膜，第一层平铺畦面，第二层弓形薄膜覆盖，高度以离地面 33 厘米为宜。每亩用种量 0.75 千克。

### 6. 如何控制穿心莲苗床的温度和湿度？

在穿心莲出苗前，地温需保持在 25℃ 以上，最低不能低于 20℃；薄膜内气温保持在 30～45℃ 以内。土壤保持湿润，薄膜内空气相对湿度保持在 85％ 以上。当植株长出 3 片真叶时，揭掉平铺薄膜，只用弓形薄膜。薄膜内小气温应控制在 28～35℃，切忌超过 40℃。若水分不足，应灌沟润畦，防止高温烧苗和烂根。平时揭膜、透风、蹲苗，在无风晴天早晚盖，中午揭。

### 7. 穿心莲苗期如何追肥？

在穿心莲苗长出 2 对真叶时，施尿素 500 倍液或稀人畜粪水提苗。施肥后用清水冲洗幼苗，以防把幼苗烧死。播种后若遇低温、土壤干旱，必须浇水，以利于发芽。

### 8. 如何选择和整理穿心莲定植地？

种植穿心莲以靠近水源、土层深厚肥沃的沙壤土为最佳。移栽前深耕细耙，畦宽 100～130 厘米，高 10 厘米。若土壤过分潮湿，可做 16～17 厘米高的畦。

### 9. 穿心莲苗如何移栽定植？

穿心莲苗高约 10 厘米，长出真叶 6 片以上时可移栽定植。留种地在 5 月下旬定植，最晚不超过 6 月上旬。应在阳光充足、土壤肥沃、靠近水源的地方，移栽早的行距、株距均为 33 厘米；土质较差或水源不足、移栽较迟的，行距 25 厘米，株距 20 厘米；留种田行距 50 厘米，株距 33 厘米。宜在傍晚或阴天移栽定植，带土移栽，子叶不能埋入土中，切忌捏成泥团。

### 10. 如何给穿心莲施肥？

待穿心莲苗长出 4～5 片叶时，每亩施 10 千克"16－16－16"复合肥加 5 千克尿素。以后每隔 1 个月左右撒施 5 千克尿素，撒 2～3 次即可。一般施肥要在雨天后进行，以提高肥料的利用率。

### 11. 如何给穿心莲留种？

9～11 月穿心莲果壳部分变成紫红色时分批采收。过早采收，种子未成熟，发芽率低；过迟采收，果实自动开裂，种子散落。采回果实，晒干，脱粒贮藏。

12. 木薯地套种穿心莲有什么好处？

木薯地间作套种穿心莲（以下将木薯与穿心莲简称为两种作物），能显著提高种植效益。实行木薯地套种穿心莲，两种作物加起来每亩收益可以达到4000～4500元，减去所有成本2000元左右，每亩纯收入可以达到2000～2500元。在目前来说，是一个虽然不高但是比较稳定的收益。木薯地间套种穿心莲两者有互补作用。穿心莲前期生长缓慢，对木薯生长无不利影响。木薯如果在五一前后种植，对穿心莲影响也不大。在天气干旱时，穿心莲能为土壤保湿，木薯能为穿心莲遮挡阳光，两种作物间套种能起互补作用，从而提高抗旱力。木薯地间套种穿心莲能保持水土，减少农药使用，保护环境，有效控制木薯细菌性枯萎病，有效错开农忙，有利于木薯机械化采收。

13. 木薯地套种穿心莲为什么先播种穿心莲后种木薯？

穿心莲一般要求在2月底、3月初就要播种。穿心莲适当早播总结起来有以下两个方面的好处。首先，适当早播气温比较低，阳光没有那么猛烈，也可以减少雨水冲刷，从而提高发芽率；其次，早播出苗早，比杂草早出苗，可以压制杂草，减轻杂草为害。

14. 木薯地套种穿心莲如何播种穿心莲？

按与畦面走向垂直的方向成行播种。每隔40～50厘米播一行。播种前可以用石灰粉加少量复合肥（基肥）进行定位，避免播种行间错乱或者将除草剂喷到穿心莲种子上。用石灰粉定位播种是确保穿心莲种植成功的最关键的措施。

15. 木薯地套种穿心莲如何喷除草剂封闭？

种穿心莲能否成功很大程度上取决于能否成功抑制杂草。播种后用薄膜、胶板或者纸板将播穿心莲种子的行间盖住，然后喷乙草胺或者金都尔对未播穿心莲种子的行间进行封闭。

16. 木薯地套种穿心莲如何种植木薯？

在4月底至5月初将木薯种在畦面上（最好种在两行穿心莲中间的空地上），种单行，即木薯行距1.8米（也就是畦与畦之间的距离），株距0.7～0.8米，每亩保证有效株在450～500株。

17. 木薯地套种穿心莲如何进行田间管理？

在穿心莲高10厘米左右时要注意间苗、定苗，在雨天将过密的植株移栽到出苗不好的地方。在长出4片真叶时，趁雨天每亩撒施尿素2.5～3千克，撒4～

5 次即可。对从两行穿心莲间长出的杂草可用百草枯小心喷杀，对从穿心莲中间长出的杂草要人工及时拔除。

### 18. 如何防治穿心莲猝倒病？

穿心莲猝倒病是由真菌引起的，在穿心莲幼苗期发生普遍，当幼苗长出 2 片真叶时，为害严重，使幼苗茎基部发生收缩，得病的幼苗出现灰白色菌丝。发病初期在苗床内零星发生，传播很快，一个晚上就会出现幼苗成片死亡的情况。发病原因是土壤湿度大，苗床不通风，阴雨天和夜间发病比晴天和白天严重。防治方法如下。

（1）出苗后减少浇水，浇早水，苗床四周通风，特别注意晚上和阴雨天的通风，降低土壤温度，加强光照。

（2）发病初期用 1∶1∶120 波尔多液喷洒植株，也可用 50％甲基托布津可湿性粉剂 1000 倍液喷雾。

### 19. 如何防治穿心莲黑茎病？

穿心莲黑茎病多发生在 7～8 月高温多雨季节，在茎基部和地面部位发生，出现长条状黑斑，向上下扩展，造成茎秆抽缩细瘦，叶变黄绿下垂，边缘向内卷，严重时造成植株枯死。

防治方法：加强田间管理，疏通排水沟，防止地内积水，增施磷肥、钾肥，忌连作。发病期用 50％多菌灵 1000 倍液喷雾或浇灌病区。

### 20. 如何防治穿心莲枯萎病？

穿心莲枯萎病主要为害根及整个基部，发生时间在 6～10 月间，幼苗和成株都能发生。幼苗期发生，环境潮湿，在茎的基部和周围地表出现白色棉毛状菌丝体。该病一般为局部发生，发病初期，植株顶端嫩叶发黄，下边叶仍然青绿，植株矮小，根及茎基部变黑，全株死亡。

防治方法：育苗地禁选低洼地，灌溉时不浇大水、不积水、不重茬、不伤害植物，有伤口易接种镰刀菌，禁止和易得枯萎病的植物轮作。

### 21. 如何防治蝼蛄和小地老虎为害穿心莲？

蝼蛄和小地老虎这两种地下害虫都能咬断幼苗，造成死苗；蝼蛄还在苗床土内钻成许多隧道，伤害幼苗根部，也会造成死苗。育苗和假植期间常见其为害。防治方法如下。

（1）施用的粪肥要充分腐熟，最好高温堆肥。

（2）灯光诱杀成虫。即在田间用黑光灯、马灯或电灯对成虫进行诱杀；灯下放置盛虫的容器，内装适量的水，水中滴入少许煤油即可。

（3）在田间发生期用90％敌百虫1000倍液或75％辛硫磷乳油700倍液浇灌病区。

（4）毒饵诱杀。用25克氯丹乳油拌炒香的麦麸5千克加适量水配成毒饵，于傍晚撒于田间或畦面诱杀。对于蝼蛄，还可以在其隧道口塞入毒饵来诱杀。

22. 穿心莲如何收获?

穿心莲一般在国庆节前后收获。穿心莲在已看到花蕾但是又没开花时收获最好，这时产量高，药用成分含量也高。从地面将穿心莲割断，在太阳下晒1～2天，然后放在阴凉处晾干。成品穿心莲带叶子越多，茎秆越显青绿，售价就越高。反之，带叶子越少，茎秆越枯黄的，售价就越低。

# 巴戟天

**1. 巴戟天有什么药用功能？**

巴戟天为茜草科巴戟天属多年生草质性缠绕藤本植物，别名鸡肠风、鸡眼藤、三角藤、兔儿肠。巴戟天性微温，味甘、辛，归肾、肝经。它具有补肾阳、强筋骨、祛风湿的功效，临床上主要用于阳痿遗精、宫冷不孕、月经不调、少腹冷痛、风湿痹痛、筋骨痿软等症的治疗。

**2. 巴戟天的地理分布是怎样的？**

巴戟天自然分布在热带、南亚热带区域内，主要是以广东省为中心，向东北延伸到福建西南部至武平县南部；向西南延伸到广西东南部。在广西西部及云南南部没有自然分布。巴戟天主要分布在广东、广西、福建、江西等省（自治区），海南省也有分布。

**3. 巴戟天的枝叶、花、果有什么形态特征？**

巴戟天为藤本，肉质根不定位肠状缢缩，根肉有点像是紫红色，干后变成紫蓝色；嫩枝被长短不一的粗毛，后粗毛脱落变粗糙，老枝无毛、有棱，呈棕色或蓝黑色。叶薄或稍厚，呈纸质，干后为棕色，呈长圆形、卵状长圆形或倒卵状长圆形。

花序伞形排列于枝顶；花萼呈倒圆锥状；花冠白色，近钟状，稍肉质；雄蕊与花冠裂片同数，着生于裂片侧基部，花丝极短。

聚花核果由多花或单花发育而成，成熟时为红色，扁球形或近球形，直径为5～11毫米；果柄极短；种子成熟时为黑色，略呈三棱形，无毛。花期为5～7月，果熟期为10～11月。

**4. 巴戟天对生长环境有什么要求？**

巴戟天原产于南亚热带、热带地区湿和湿润的次生林下，生长适温为20～25℃，喜温暖，怕严寒。适宜生长的气候条件，年平均气温在20℃以上，在0℃以下和遇到低温霜冻时，常导致落叶，甚至冻伤或冻死。在年平均降水量1600毫米左右，相对湿度80%左右的地区，生长发育良好。幼株喜阴，成株喜阳。土壤要求土层深厚、肥沃、湿润。肥沃的稻田土，含氮过多的土壤，肉质根反而长得很少，产量不高。人工种植巴戟天，选择的种植地要营造成一个高温、多湿、静风、地表阴湿的适宜生境，形成具有"前阴后阳、上阳下阴"的生态环境，确保引种成功。

### 5. 巴戟天育苗地如何选地、整地？

巴戟天育苗地宜选择有一定坡度的稀疏林下或有林木覆盖的中下部向阳丘陵地，土层深厚、疏松，有一定肥力的沙壤土。若选择灌木丛生的林地，应在冬季将林木杂草清除烧炭做肥料，也可保留一部分树木作遮阴，如遇有山苍子、樟树等含挥发性物质的树根，严重危害巴戟天生长，要通过深翻土壤将它们拔除干净。冬季开荒翻土，春季横坡起畦，做成宽 1 米、高 20 厘米的畦，每亩施火烧土 1000～1500 千克做基肥。

### 6. 巴戟天如何进行扦插育苗？

选择 2～3 年生无病虫害、粗壮的藤茎，从母株剪下后，截成长 5 厘米的单节，或 10～15 厘米具 2～3 节的枝条作插穗。插穗上端节间不宜留长，剪平，下端剪成斜口，剪苗时刀口要锋利，切勿将剪口压裂。上端第一节保留叶片，将其他节的叶片剪除，随即扦插。扦插时间多以春季雨水节气的前后为宜，此时气温已回升，雨量渐多，插后容易成活。按行距 15～20 厘米开沟，然后将插穗按 1～2 厘米的株距整齐平列斜放在沟内，插的深度，以挨近第一节叶柄处为宜，插后覆黄心土或经过消毒的细土，插穗稍露出地面，一般插后 20 天即可生根，成活率达 80% 以上。为了促进生根，可事先用生长激素处理插穗。不能及时插完的插穗，用草木灰黄泥浆蘸根，放在阴湿处假植。

### 7. 巴戟天如何进行种子繁殖？

选粗壮的、无病虫害的植株作留种母株，加强管理，保证多开花结实。由于种子不宜久藏，最好是随采随播，以 10～11 月为宜。经过层积贮藏的种子，最好在翌年 3～4 月进行播种。点播或撒播均可，点播按株行距 3 厘米×3 厘米来进行，撒播的密度不宜过大。播种后宜用筛过的黄心土或火烧土将种子覆盖约 1 厘米厚。经 1～2 个月，种子就会出芽，幼苗成活率可达 90% 左右。

### 8. 巴戟天如何进行块根繁殖？

选肥大均匀、根皮不破损、无病虫害的根茎作种苗，将其截成长 10～15 厘米的小段。也可以在采收巴戟天时，在不能供作商品药材的小块根中选取种苗。在整好的苗床上按行距 15～20 厘米开沟，然后将块根按 5 厘米的株距整齐平列斜放在沟内，覆土压实，让块根稍露出土面 1 厘米左右。

### 9. 巴戟天如何进行苗期管理？

苗床上插芒萁遮阴，使荫蔽度达 80％，随着苗木生根、成活和长大，应逐步增大透光度，育苗后期荫蔽度控制在 30％左右。经常保持土壤湿润，浇水最好在早晨或傍晚进行，水要清洁。及时除草，减少杂草争夺水分和养分。在苗木生长期间可适当施用石灰、草木灰、火烧土，培肥地力。待苗高约 30 厘米时，应将顶芽摘去，以促进分枝、枝条粗壮、须根发达，并可缩短苗期，提高移栽成活率。

### 10. 巴戟天种植地如何进行选地、整地？

巴戟天种植地宜选择 20°～30°的坡地，阳光充足的南面或东南面的山坡疏林下，要求土层深厚肥沃、腐殖质丰富、新开垦的红、黄沙壤土。不宜选北面坡地，因冬天北坡温度较低，易冻伤、冻死植株。冬天开垦疏松地，除去杂草及灌木层，留林木层使荫蔽度保持在 40％～60％，将地深翻 40 厘米，让其过冬充分风化，第二年春再翻耕碎土，按水平线修筑宽 0.8～1 米的梯田，并开好排水沟。在梯田中间，按 0.5 米左右的间距挖穴，并施以腐熟农家肥。

### 11. 巴戟天如何选择移栽季节？

巴戟天在春、秋两季均可移栽。春季移栽较好，春分前后雨水充足，移栽后植株容易恢复生机；秋季可以在立秋至秋分之间，雨后进行移栽。

### 12. 种植巴戟天如何起苗移栽？

起苗前，剪去尖端部分，只保留 3～4 节的枝条，叶片也可以剪去一半，以减少水分消耗。起苗后用黄泥浆蘸根。按行距 70～80 厘米，株距 30～50 厘米，每穴种 2～3 株苗，让根系自然伸展在穴内，覆土压实。通常每亩可种 2000～2700 穴。

### 13. 巴戟天种植地如何进行遮阴？

扦插后，搭设荫棚或插芒萁遮阴，荫蔽度可达 70％以上。随着苗木生根、成活和长大，应逐步增大透光度，育苗后期荫蔽度控制在 30％左右。

### 14. 种植巴戟天如何进行中耕除草？

定植后前 2 年，每年除草 2 次，即在 5 月、10 月各除草 1 次。由于巴戟天根系浅而质脆，用锄头除草容易伤根，导致植株枯死，因此靠近植株茎基周围的杂草宜用手拔除，结合除草进行培土，勿让根露出土面。

**15. 种植巴戟天如何施肥？**

巴戟天是根类药材，生长过程需要多种营养元素，栽培过程中除了考虑施用无公害、无污染类型的有机肥料外，还要考虑营养成分的平衡供应。待苗长出1～2对新叶时，可开始施肥，以有机肥为主，如土杂肥、火烧土、腐熟的过磷酸钙、草木灰等混合肥，每亩施1000～2000千克。忌施硫酸铵、氯化铵、猪尿、牛尿。如种植地酸性较大，可适当施用石灰，每亩施50～60千克。

**16. 巴戟天施生物有机肥有什么好处？**

试验表明，适当施用生物有机肥，能促进巴戟天的生长和对一些矿质元素的吸收；施用生物有机肥和微生物菌剂的混合肥，可促进对根系周围和土壤中大分子物质的分解和代谢，从而加速植株的生长，更有利于根系对土壤中无机营养的吸收，特别是与巴戟天的补肾功能有关的锌、铁、锰等元素。添加无机养分的生物有机肥能明显促进植株的生长。

**17. 种植巴戟天如何修剪藤蔓？**

巴戟天随地蔓生，往往藤蔓过长，尤其三年生植株，会因茎叶过长，影响根系生长和物质积累。可在冬季将已老化、呈绿色的茎蔓剪去过长部分，保留幼嫩、呈红紫色的茎蔓，促进植株的生长，使营养集中于巴戟天的根部。

**18. 巴戟天茎基腐病有什么特征？**

巴戟天茎基腐病主要在茎基部发生，发病初期，离地面2～3厘米处出现白色斑点，茎皮多纵裂，常有褐色树脂状胶质溢出；茎基皮层变褐色，病斑不定型，后期扩展为大病斑，皮层腐烂变质；植株逐渐萎黄，叶片脱落，甚至死亡。受害植株从几株蔓延至整片，根部也可以感染此病。该病在10月下旬开始为害茎基部。

**19. 如何防治巴戟天茎基腐病？**

(1) 加强田间管理，增强植株抗病能力，调节土壤酸碱度，减轻病害发生；多雨季节，应及时排水。

(2) 不要施铵类化肥，铵类化肥会使巴戟天组织柔软，增加土壤酸性；可以以火烧土、土杂肥，加适量过磷酸钙，经过沤熟后施用。

(3) 中耕松土时要避免病菌从伤口侵入，最好是春季、秋季拔草，夏季用草遮阴，以降低地表温度，保护根茎皮层不受损伤。

(4) 发病后，把病株连根带土挖掉，并在病穴内施放石灰杀菌，以防病害蔓

延。可用1：3的石灰与草木灰施入根部，或用1：2：100的波尔多液喷洒，每隔7～10天喷1次，连续喷2～3次。

20. 巴戟天茎轮纹病有什么特征？

该病主要为害巴戟天叶片，受害部分最初会出现黄色晕圈，后由褐色变暗褐色，随后病斑不断形成轮纹斑，即同心圈，中央脱落穿孔，严重时叶片枯黄脱落。该病原菌以菌丝体在落叶中越冬，翌年春天分生孢子借风雨传播，高温多雨季节发病严重。

21. 如何防治巴戟天茎轮纹病？

清除落叶、病枯枝以减少病原，可用1：2：100的波尔多液，或用50%多菌灵500倍液喷洒防治，每隔7～10天喷1次，连续2～3次。

22. 巴戟天烟煤病有什么特征？

巴戟天烟煤病是由于蚜虫、介壳虫和粉虱等害虫为害茎、叶、果后，其表面生出暗褐色霉斑，严重时叶片和嫩枝表面覆满黑色烟煤状物，逐渐扩大成黑色的霉层。

23. 如何防治巴戟天烟煤病？

（1）通过防治虫害可达到防病效果。

（2）用50%退菌特800倍液喷洒，每隔7～10天喷1次，连续2～3次。

（3）也可用木霉菌制剂进行生物防治。

24. 如何防治巴戟天蚜虫？

蚜虫在春秋两季巴戟天抽发新芽、新叶时为害巴戟天。防治方法：可用40%乐果乳剂稀释1500倍液或用烟草0.5千克配成烟草石灰水喷洒。

25. 如何防治巴戟天介壳虫？

巴戟天介壳虫成虫、若虫聚集而相互重叠，紧贴寄生吸食茎叶汁液，影响植株生长，致使巴戟天叶片脱落，并可能引起煤烟病。

防治方法：在幼龄期用40%乐果乳剂0.5千克、煤油50～100克，对水750千克喷杀。

26. 如何防治巴戟天红蜘蛛？

该虫的成虫、若虫群集于叶背或嫩芽并拉丝结网，使叶片变黄，最后脱落。防治方法：用50%三氯杀螨砜1500～2000倍液，或用25%杀虫脒500～1000倍液喷杀。

**27. 如何防治巴戟天粉虱?**

巴戟天粉虱以幼虫吸食叶片汁液为害植株,受害严重的叶片从鲜绿色变为黄褐色甚至枯萎。

防治方法:可用乐果乳剂稀释 1500 倍液,或 18 波美度松脂合剂喷杀。

**28. 如何防治巴戟天潜叶蛾?**

巴戟天潜叶蛾幼虫潜入叶片,蛀食叶肉,呈现弯弯曲曲的圈纹。

防治方法:可用 40% 乐果乳剂稀释 500～1000 倍液喷杀。

**29. 如何采收巴戟天?**

巴戟天定植 5 年后才能收获。过早收获,根不够老熟,水分多,肉色黄白,产量低。收获时间全年均可进行,但以冬季采收者为佳。挖取肉质根时尽量避免断根和损伤根皮,起挖后随即抖去泥土。

**30. 巴戟天如何进行初加工?**

去掉侧根及芦头,晒至六七成干,待根质柔软时,用木槌把它轻轻捶扁,但小心不要打烂或让它皮肉碎裂;按商品要求剪成 10～12 厘米的短节,按粗细分级后分别晒至足干,即成商品。老产区常用开水烫泡或蒸约半小时后再晾晒,则产品色更紫,质更软,品质更好。

**31. 巴戟天如何进行留种?**

巴戟天定植 2 年后开花结果,一般在 9～10 月陆续成熟,当果实由青色转为黄褐色或红色,带甜味时采摘。采回的果实,擦破果皮,把浆汁冲洗干净,取出种子,选色红、饱满、无病虫的种子进行播种,或将采下的果实分层放于透水的箩筐内保存,一层沙、一层草木灰、一层果实,经常保持湿润。

# 牛大力

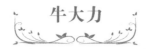

**1. 牛大力有哪些药用功能？**

牛大力的根味甘，平，归肺、肾经，有补虚润肺、强筋活络的功效；临床证明，它对腰肌劳损、风湿性关节炎、肺虚咳嗽、肺结核、慢性支气管炎、慢性肝炎等慢性疾病有较好的疗效。牛大力是壮腰健肾丸、强力健肾胶囊等多种中成药的主要原料，在两广地区还被大量作为药膳使用。牛大力多糖是牛大力的主要有效成分之一，现已作为天然抗衰老添加剂广泛地应用到保健食品中，在保健方面具有广阔的前景。

**2. 牛大力的枝叶形态是怎样的？**

牛大力为攀援灌木，藤本，树皮呈褐色，羽状复叶。一般高 1～2.5 米，茎粗随着苗龄增加而增大，一般定植 0.5～1 年的植株茎粗为 1.5～3.7 毫米。茎颜色随着品种和苗龄的差异而不同，幼嫩的茎为银灰色，老茎为紫褐色，茎上有芽眼，在修枝除去顶端优势之后，芽眼处即会重新发芽长出新叶。

**3. 牛大力的花、果形态是怎样的？**

圆锥花序腋生，常聚集枝梢成带叶的大型花序，花大，有香气。花期为 7～10 月，果期为次年 2 月。花一般为腋生总状花序，有的为顶生圆锥状花序；花形较大，密集而单生于花序上。果为荚果，形状为线状，呈长椭圆形，扁平，长 10～15 厘米，密被绒毛，果瓣硬木质，开裂后扭曲，种子呈卵形，每荚 4～6 粒。

**4. 牛大力的根有什么特点？**

根为长结节块状，有的弯曲，长短不一，呈圆锥形或纺锤形，商品多已切成不规则的横切片或斜切片，直径可达 5 厘米。外皮为土黄色，稍粗糙，有环状横纹。切面皮部接近白色，向内有一圈不甚明显的浅棕色环纹，中间白色，略显疏松而粗糙，有粉性，老根多木质化。气微，味微甜。

**5. 牛大力的地理分布如何？**

牛大力主要分布在我国广东、海南、广西、云南等省（自治区），生于海拔1500 米以下的灌丛、疏林和旷野中。牛大力喜暖忌阴、喜湿怕涝，年平均气温18～24℃即可满足其生长需求；对土壤要求不高，但要实现优质高产，宜选土层深厚、有机质丰富、土质疏松的沙壤土或黄壤土的缓坡地作为种植地。我国广东、广西、海南种植最佳。

6. 牛大力主要有哪些栽培品种？

从地上部分的形态看，牛大力可明显可分为两个栽培品种：其中一种成熟茎的木质化程度较高，粗壮，直径 2～5 厘米，中上部的嫩茎木质化程度低，无法直立，需攀爬，为直立藤本，此栽培品种的野生资源在多省区均有分布；另外一个品种的茎较细，木质化程度低，无法直立生长，必须搭架才能向上生长，为全藤本，主要分布于广西上林。

7. 如何对牛大力进行选种和保存？

挑选无病虫害、长势良好、成熟期较一致的丰产单株作为种株。采种后将种子自然晒干，挑选质地均匀、籽粒饱满的种子于低温干燥的条件下保存。

8. 播种前牛大力的种子需要如何处理？

在播种前，将种子先用 5％的次氯酸钠溶液浸泡 20～25 分钟，然后用 50℃的温水浸泡，自然冷却后继续浸泡，浸泡 24 小时后用自来水将种子冲洗干净，稍晾干。

9. 如何对牛大力进行播种育苗？

以体积比为 7∶3 的泥炭土和黄土或者 5∶5 的泥沙和黄土作为育苗基质，装入直径为 10 厘米，高 12 厘米的育苗袋，轻压育苗基质至 4/5 育苗袋高度处，并将育苗袋以每行 20～25 个整齐排放在平整好的育苗地中。然后在每一育苗袋中用小木棍插一小穴，将浸种好的牛大力种子，按每穴 1 粒点播，覆以细土，浇透水。

10. 牛大力栽培地如何整地？

种植前深翻碎土。可用挖掘机深挖 0.6～1 米，并尽量将原表层 10 厘米的土翻埋在中部或底部，避免原有杂草疯长。碎土后，按每亩撒施钙镁磷肥 200～250 千克、腐熟的有机肥 1500～2000 千克作基肥，耙细，混匀，整平畦面，依地形起约 30 厘米高的垄，垄面宽 2～2.5 米，垄间距 20 厘米，在种植地四周和中间根据需要深挖流水通畅的排水主沟。在条件允许的情况下，建议铺设滴灌系统用于后期的水肥灌溉。

11. 如何对牛大力进行种子直播？

用小锄头在垄上挖穴，按行株距 1.2 米×0.8 米，穴深 6～8 厘米进行播种，每穴点播 1～2 粒浸泡好的种子，每亩种子用量为 1000 粒左右，覆以细土，浇透水。种子出苗不一致，最早在 1 周后即可萌芽出苗，慢的在第 3 周左右才出苗。

### 12. 如何移栽牛大力苗？

牛大力苗高 15～20 厘米时即可进行移栽。在适生地，袋苗可常年进行移栽，以春末夏初和秋季阴天或早晚阳光稍弱时定植为好，按行株距 1.2 米×0.8 米，每穴栽 1 株，覆土压实，淋足定根水；或者在垄上挖长、宽均为 80 厘米，深约 60 厘米的穴，再以 5～7 株作为一丛在穴中均匀种植，丛间距约 2.0 米，垄内双行种植，行距 110 厘米，植丛按"品"字形排列种植，密度为 4000～5000 丛/公顷。

### 13. 如何对牛大力进行覆盖定植？

牛大力可采用直接定植、地膜（或干稻草、杂草）覆盖定植的方式。定植时，将细土埋没小苗茎部 2～3 厘米，避免因植株缺水而影响成活率。直接定植方式因表土裸露，需加强水分的供给，确保植物生长所需的水分。地膜（或干稻草、杂草）覆盖定植需先将种植地浇一次水，然后将地膜（或干稻草、杂草）在垄上铺好，按上述种植密度种植。移栽后均需浇透定根水。

### 14. 牛大力栽培如何补苗？

在直播 20 天后、移栽 7～14 天后对牛大力进行检查，如果发现不出苗、死亡、缺株的情况，应及时补播、拔除或补以适龄幼苗。

### 15. 牛大力栽培如何进行水分管理？

雨后注意排涝，旱时及时浇水，保持土壤湿润即可。

### 16. 牛大力栽培如何进行中耕除草？

第一年在 6 月、9 月结合中耕，各除草 1 次；第二年起每年 5～6 月结合中耕，除草 1 次。

### 17. 如何给牛大力追肥？

块根伸出期（第一年），每亩撒施硫酸钾 15～20 千克；块根膨大期（第二年）起，每亩施硫酸钾 10～20 千克、过磷酸钙 15～30 千克、腐熟的有机肥 200～300 千克，结合中耕除草一并完成。

### 18. 如何给牛大力修枝搭架？

当枝叶过密时，应及时疏剪密枝，促使养分往地下部分传递，供应根部生长。针对蔓性较强的品种，要适当搭架（水泥柱、木架或竹架），以增加透光面积和空气流通，促进植株的光合作用，并能减轻病虫为害。

若在垄上以丛种植，可在植丛外围约 20 厘米处，立 3～4 根大小约 10 厘米×10 厘米、高 2 米的水泥桩，在桩的等高部位用竹竿（或铁丝）作为横梁，将它们绑紧，并在适当部位用小竹条或树枝架在竹竿（或铁丝）上，便于植株攀爬。而单株种植成行的植株，按每两行搭一个"人"字形的架子，在架子的中部用竹条和铁丝绑成 2～3 条横梁供茎蔓攀爬。

若资金不足，也可用竹子和木杆做立桩，但经 2～3 年后会腐烂，要重新更换；种植灌木品种也可采取修剪顶芽而不搭架的方式。

### 19. 如何给牛大力打顶疏蕾？

当茎蔓长至 100～150 厘米高时，要及时打顶，促发分枝和长叶，以增加植株的光合作用，同时注意抹去根基部的不定芽，有利于积累块根营养物质，提高产量和质量。在现蕾期，用 40%乙烯利水剂 10 毫升对水 15～20 升喷施，连续喷 3～4 次，疏除花蕾，提高坐果率，同时也有利于块根的生长。

### 20. 如何减少牛大力病虫害的发生？

一般情况下，牛大力的病虫害均较少发生。若有发生，可通过以下农业防治的处理方法减少病虫害的发生：选用抗病抗虫的优良品种，以及无病虫为害的种子种苗，培育壮苗；科学水肥管理；及时拔除病株；适时中耕杂草；修枝搭架；打顶疏蕾。

### 21. 如何对牛大力的病虫害进行物理防治？

针对金龟子、二化螟和斜纹夜蛾等趋光性害虫，可用频振式杀虫灯或黑光灯来诱杀；蚜虫可用黄色胶粘板来诱杀；针对蛴螬、蝼蛄、大蟋蟀和地老虎等地下害虫，可用酒、糖、醋、水、90%敌百虫晶体按 0.5：1：2：10：0.5 的比例配置糖醋液来诱杀。

### 22. 如何对牛大力的病虫害进行生物防治？

利用生物农药防治牛大力病虫害，如针对斜纹夜蛾等趋光性害虫，可用 0.3%印楝素 1000～1200 倍液或 10%Bt 乳剂 1500～2000 倍液进行诱杀，而针对细菌性的病害，可用 0.1 亿个/克有效活菌数的多粘类芽孢杆菌剂 800～1000 倍液进行防治。

### 23. 如何防治牛大力根腐病？

牛大力根腐病可以用 70%敌磺钠 1 千克＋10%叶枯净 1 千克＋细土 150 千克

作毒土处理，或以 50％多菌灵可湿性粉剂 300～500 倍液灌根，或以 58％瑞毒霉可湿性粉剂 200～300 倍液灌根，结合喷施新高脂膜能够显著增强防治效果。

### 24. 如何防治牛大力锈病？

牛大力锈病可以喷施 50％多菌灵可湿性粉剂 400～500 倍液来防治。

### 25. 如何防治牛大力炭疽病？

以 75％甲基托布津可湿性粉剂 1000～1200 倍液喷施，或 50％多菌灵可湿性粉剂 800～1000 倍液，结合喷施新高脂膜能够显著增强防治效果。

### 26. 如何防治牛大力霜霉病和叶枯病？

牛大力霜霉病可以喷洒 25％甲霜灵 600～800 倍液防治。叶枯病可以喷洒 25％叶枯灵 800～1000 倍液防治。

### 27. 如何防治牛大力根结线虫病？

拔除病株，并在原植株穴上灌淋 10％线虫清 1500～2000 倍液或 5％阿维菌素 1200～1500 倍液。

### 28. 如何防治牛大力蚜虫？

用 50％抗蚜威可湿性粉剂 2000～2500 倍液或 3％莫比朗乳油 1500～2000 倍液喷洒叶面。

### 29. 如何采收加工牛大力？

牛大力种植 3～4 年后，可在冬季和次年早春采挖薯根。过早采挖，单薯重量小，产量和价格均偏低；推迟采挖，单薯产量越重，产量越好，价格越高。因此，应根据种植户实际情况和市场价格决定采挖时机。采挖时，将地上部分全部剪去，尽量避免挖伤薯块，去除泥土、薯头和须状根，并根据销售目的决定是否洗净表面泥土或切片等。若作为商品用的饮片，规格和质量要求为足干，呈片块状，黄白色或类白色，厚 3～5 厘米，粉性，有裂隙；无杂质，无虫蛀，无霉变。

### 30. 牛大力的成品如何贮藏？

如果干燥后的牛大力不马上售出，包装后应置于室内干燥阴凉的地方贮藏，以温度在 30℃以下，相对湿度 70％～80％为宜，要避免阳光直射和老鼠危害。贮藏期间应保持环境清洁，发现受潮及轻度霉变、虫蛀，要及时晾晒或翻垛通风。有条件的可进行密封抽氧充氮养护。

# 鸡骨草

**1. 鸡骨草有哪些药用功能？**

鸡骨草，别名红母鸡草、黄食草、黄头草、黄仔蔃、猪腰草、小叶鸡骨草，来源于豆科相思子属植物广州相思子。以干燥全株（除去荚果）入药，味甘、微苦，性凉，归肝、胃经。有利湿退黄、清热解毒、疏肝止痛的功效，用于治疗湿热黄疸、胁肋不舒、胃脘胀痛、乳痈肿痛等症。以饮片入药，并被作为原料投料于多种中成药生产中，同时还被应用于保健凉茶、保健药膳中。

**2. 鸡骨草的植株形态是怎样的？**

鸡骨草为多年生藤本，长 1～2 米，栽培品长可达 3 米。主根粗壮，条状或分叉，长达 60 厘米。茎细，呈深红紫色，幼嫩部分密被黄褐色毛，老时脱落。偶数羽状复叶；小叶 6～12 对，呈倒卵形或长圆形，上面疏生粗毛，下面被紧贴的粗毛，小脉两面均突起。总状花序短，腋生；花冠呈蝶形，淡红色。荚果为长圆形，扁平，疏被毛，有种子 4～7 颗。种子为黑褐色，种阜明显，蜡黄色，中间有孔，边具长圆状环。花果期为 8～11 月，边开花边结果。

**3. 鸡骨草的生长对温度有什么要求？**

鸡骨草野生于疏林、灌丛或山坡，要求其生长环境的年平均气温为 21.5～22 ℃，最适温度为 22～30 ℃，35 ℃ 以上生长受抑制，17 ℃ 以下生长缓慢，6 ℃ 以下易受冻害或萎蔫。

**4. 鸡骨草的生长对湿度有什么要求？**

鸡骨草耐旱忌涝，在年降水量 1200～1500 毫米、空气相对湿度为 80% 左右的环境下生长良好。喜温暖、潮湿，怕寒冷，耐旱，忌涝，耐瘠。

**5. 鸡骨草的生长对立地条件有什么要求？**

在阳光充足、终年无霜或霜期短的环境为适宜。土壤最好是排水良好、土质疏松、肥力适中的壤土、沙壤土或轻黏土，且土壤 pH 值为 5～6.5。

**6. 种植鸡骨草如何选地、整地？**

种植鸡骨草要选择排水良好、土质疏松、通透性好、肥力适中的平地或缓坡地，土质以壤土、砂质壤土、轻黏土为宜。场地选择后要在秋冬两季进行翻地，经一段时间风化后，翌年春深翻 30 厘米，犁耙 2～3 次，清除草根杂物备用。2～3 月整地起畦，每亩施约 1000 千克腐熟的农家肥＋10 千克硫酸钾作为基肥。土肥拌匀，耙细整平做畦，畦宽 80～100 厘米，高 20 厘米，畦间作业道宽 30 厘米。

### 7. 鸡骨草有哪些种子繁殖方法？

鸡骨草以种子繁殖，有直播法和育苗移栽法两种繁殖方法。从两种方法的比较看，直播法较省工，而且收获的主根粗壮，侧根较少，商品性好，故生产上常用直播法。

### 8. 用直播法繁殖鸡骨草如何进行种子预处理？

鸡骨草的种子硬实，播种前需进行处理，目前生产上常用的为机械破皮温水浸种法。将种子用碾米机碾 3～4 次至种子略烫手，然后用 50 ℃始温的水浸泡 24 小时，期间注意倒去浑水换清水再浸。待吸胀后捞起种子和湿杉木糠拌在一起保湿催芽。

### 9. 用直播法繁殖鸡骨草如何播种？

待种子充分吸胀或露白后播种，时间以清明前后为宜，此时温度回升到 20 ℃以上，利于种子的萌发和幼苗生长。播种方法为开种植沟，点播，每穴放种 2～3 粒。种植密度为（10～15）厘米×（15～20）厘米，播后浅覆土，覆土厚度 1～1.5 厘米，浇透水盖上禾草保湿。每亩用种量约 1.5 千克。

### 10. 栽培鸡骨草如何进行中耕除草？

结合中耕，进行人工除草、松土、培土。在 6 月植株未封垄前除草，除草要及时，以免杂草与植株争水、争肥。

### 11. 栽培鸡骨草如何进行插篱？

待鸡骨草苗高 30 厘米左右时，在两行间约每 4 株的距离插上 1 支约 2 米长的竹条或小树干，以利其攀援，提高产量。

### 12. 栽培鸡骨草如何进行摘荚？

鸡骨草的果荚有毒不能入药，植株开花结荚消耗大量营养物质，影响药材产量，因此，除留种地外，8～10 月的花果期，可在花序形成未展开时把果荚摘除，以减少养分的消耗。

**13. 栽培鸡骨草如何进行排灌？**

雨季及时排水，旱季及时淋水或浅灌水，尤其种子田在花期应保证足够的水分供应，以利于植株的正常生长和开花结实。

**14. 栽培鸡骨草如何施肥？**

大田高产栽培适宜的施肥次数和时间为：整地时施足基肥；苗高 15 厘米左右每亩施 5 千克尿素催苗，根施或对水喷施；开花前根施复合肥一次，在行间开浅沟施入，浅覆土，每亩用肥量 10～15 千克。

**15. 如何防治鸡骨草根腐病？**

鸡骨草根腐病多发生在高温多湿的雨季。湿度大、肥土积水的地方发病严重，6～8 月时有发生。发病初期，主根逐渐腐烂，吸收养分受阻，地上藤蔓幼嫩叶出现凋萎；病情严重时，主根腐烂，藤蔓及叶片变黄萎蔫，植株枯死。

防治方法：选择肥力中等，排水良好的沙壤土种植鸡骨草，雨季注意排水，防止积水，多施草木灰；发病初期，可用 50％多菌灵 800 倍液或 5％井冈霉素水剂 1000 倍液浇灌根部并喷洒藤蔓幼叶，发现病株要及时拔除、烧掉，并于原病株穴中撒生石灰。

**16. 如何防治鸡骨草立枯病？**

立枯病为害鸡骨草幼苗。受害鸡骨草幼苗出土后，茎基部变褐色，呈水渍状，病部缢缩萎蔫死亡但不倒伏。幼根腐烂，病部呈淡褐色，具白色棉絮状或蛛丝状菌丝层。

防治方法：播种前用种子量 0.2％～0.3％的 50％多菌灵可湿性粉剂拌种；发现病株应立即拔除，并用 50％多菌灵可湿性粉剂 600～800 倍液或 5％井冈霉素水剂 1000 倍液灌根，以防未病植株发病。

**17. 如何防治鸡骨草蚜虫？**

鸡骨草的主要害虫是蚜虫，可选用 50％抗蚜威 1500 倍液或 40％乐果 1000 倍液喷洒植株，喷洒次数视虫情而定。

**18. 如何采收鸡骨草？**

种植当年或次年 11～12 月可采收。以次年采收者为佳，收获时用铁锹将其全株连根挖起。亦可留宿根，只割地上部分。

**19. 鸡骨草如何进行产地加工？**

将挖起的植株去掉泥土、杂质和荚果（种子有毒），并将茎藤捆成束或数株

至十数株藤蔓成短束，扎成倒"8"字形小把，堆放在太阳下晒干后即成商品。

20. 鸡骨草商品如何分级？

鸡骨草商品为统货，不分等级。为带根的全草，多缠绕成束，亦有切成段者。根呈圆柱形或圆锥形，有分枝，长短粗细不等，直径 3～15 毫米；表面为灰棕色，有细纵纹；质硬。根茎短，呈结节状。茎丛生，长藤状，长 1～2 米，直径 1.5～2.5 毫米；小枝为棕红色，疏被茸毛；偶数羽状复叶，小叶为长圆形，长 8～12 毫米，下表面被伏毛。气微，味微苦。以足干、全株、叶青绿、根部粗壮、分枝小、无豆荚泥杂、无霉、无虫蛀者为佳。

# 金线莲

**1. 金线莲有哪些药用功能?**

金线莲是一种名贵的中药材,全草均可入药,民间素有"药王""金草""神药"之美誉。金线莲性平,味甘,具有清热凉血、除湿解毒等功效,用于治疗肺结核咯血、糖尿病、肾炎、膀胱炎、重症肌无力、风湿性及类风湿性关节炎、毒蛇咬伤等症。

**2. 金线莲的地理分布有哪些特点?**

金线莲是兰科开唇兰属植物花叶开唇兰,又名金线兰,生于海拔50～1600米的常绿阔叶林下或沟谷阴湿处,产于浙江、江西、福建、湖南、广东、海南、广西、四川、云南还有西藏东南部(墨脱县附近)。自然环境中,金线莲一般分布在海拔300～1200米的丘陵地,喜凉爽、阴湿、弱光的生态环境,要求土壤腐殖质丰富,生长适宜温度为20～28℃,适宜空气湿度为70%～95%,忌阳光直射,尤其喜欢生长在常绿阔叶树林的沟边、石壁及土质松散的潮湿地带。

**3. 金线莲的植株形状是怎样的?**

植株高8～18厘米。根状茎匍匐,伸长,肉质,具节,节上生根。茎直立,肉质,呈圆柱形,具有3～4枚叶。叶片呈卵圆形或卵形,长1.3～3.5厘米,宽0.8～3厘米,上面为暗紫色或黑紫色,具金红色带有绢丝光泽的美丽网脉,背面为淡紫红色,先端近急尖或稍钝,基部近截形或圆形,骤狭成柄;叶柄长4～10毫米,基部扩大成抱茎的鞘。

**4. 金线莲的花序形状是怎样的?**

总状花序具2～6朵花,花为白色或淡红色,不倒置(唇瓣位于上方);萼片背面被柔毛,中萼片呈卵形,凹陷呈舟状;花瓣质地薄,近镰刀状,与中萼片等长;花药呈卵形。花期为8～12月。

**5. 金线莲的种子为什么发芽率极低?**

金线莲的种子不具胚芽、胚根和子叶等结构,而是由未发育分化的椭圆形胚及单层细胞构成的种皮所组成,成熟后裂开散落在枯枝落叶层下、草丛中、沟谷旁、山涧石壁等处,由某种真菌侵入,将种子胚细胞中的淀粉转化为糖,才能促进种子萌发生长，因此，金线莲种子发芽率极低，这是野生金线莲资源稀少的重要原因之一。

6. 野生金线莲的物候期是怎样的？

野生金线莲在自然状态下，由于不同海拔高度、植株长势、年龄及生态环境等差异，其物候期略有差别，一般 2 月中、下旬至 3 月上旬萌发出苗，9 月下旬至 10 月上、中旬开花，11 月上旬果实陆续成熟。单个花序从第一朵花开到结束，开花顺序由总状花序基部开始，依次向顶端，1 天中的开花时间从 17 时开始，21～23 时最多，翌日午前结束；授粉后 3～5 天，子房开始膨大形成幼果。

金线莲植株生长缓慢，每年只长 3～5 片叶，叶面积小，光合强度低，根的同化弱，冬季生长缓慢或停止生长。从播种到开花，需要 27 个月左右。若采用组培苗繁殖，移栽后 8 个月即可开花结果。

7. 金线莲的生长对温度有什么要求？

金线莲对温度的适应性较强，生长温度范围在 10～30 ℃，最适宜的生长温度为 20～28 ℃。当温度超过 30 ℃时，金线莲生长受到抑制，连续 32 ℃以上的高温易造成金线莲顶芽枯萎；当温度低于 10 ℃时，金线莲生长缓慢，短期（10 天以内）0～5 ℃的低温对金线莲无明显伤害。

8. 金线莲的生长对湿度有什么要求？

金线莲性喜湿润，自然分布于湿度较大的森林环境及溪涧附近，相对湿度保持在 70%以上的环境利于其生长。金线莲在气候干燥、土壤缺水的环境下无法生存。

9. 金线莲的生长对光照有什么要求？

金线莲属喜阴植物，适宜的光照强度为 3000～5000 勒克斯。在自然林下露天栽培时，上层林木荫蔽度为 70%～80%，下层植被覆盖度为 40%左右；人工大棚栽培时，塑料大棚上方用 80%的遮阳网双层遮阴即可达到要求。

10. 金线莲的生长对土壤有什么要求？

金线莲的生长要求土壤疏松、透气、湿润。在自然条件下，多分布于偏酸性的腐殖质土中。人工栽培推荐使用泥炭土加珍珠岩（3∶1 配比）作为栽培基质。

11. 金线莲的繁殖方法主要有哪些？

金线莲的繁殖方法有种子繁殖法、扦插繁殖法和组培繁殖法。金线莲的种子呈粉状，极为细小，由未成熟胚及数层种皮细胞组成，一般不易发芽或发芽率极低；采用扦插法的繁殖系数低，难以形成规模种植。因此，现在金线莲生产上一般都是采用组培繁殖法。

### 12. 人工栽培金线莲如何选择地块？

大棚栽培金线莲有利于控制生长条件、防止鸟虫啃食、减少病虫害发生。模拟原产地环境是金线莲栽培的关键之一。栽培地址最好选择海拔较高的林地溪沟边阴凉处，近阔叶林或针叶阔叶林交混地带，海拔 400～900 米之间，以背山面水的地点为最佳，夏季阴凉且受台风影响小，冬季避风保暖，减少散热。同时要求水源干净且灌溉便利，交通方便。

### 13. 人工栽培金线莲如何配制栽培基质？

金线莲的栽培基质要求疏松、透气、无菌、排水和保水性能良好，如苔藓、椰糠、泥炭土、炭化稻壳、腐殖土、河沙等，也可几种基质按一定比例混合以改善基质的透气、透水性能。可因地制宜选用几种基质混合配制，或就地取材。森林腐殖土、山区的木屑、谷糠等材料丰富，使用前经热处理，杜绝发霉染病，就是基质的好原料。较为理想的基质为森林腐殖土和经风化的黄壤土，分别掺 10％ 与 30％ 的粗沙，其上覆盖洁净干燥的苔藓。

### 14. 金线莲人工栽培如何进行基质处理？

种植前基质要用多菌灵 400 倍液或甲基托布津 600 倍液消毒。种植前整地起畦，要求畦高 20～40 厘米、宽 1.2 米，小石子拌粗沙作为畦底填充物，基质厚度 7～10 厘米。

### 15. 如何搭建金线莲栽培大棚？

大规模工厂化种植金线莲，使用标准化的连栋大棚，配备水帘与加温机等设施，人为调控大棚环境因子，全年都可以种植金线莲。但在种植规模较小的情况下，使用简易的钢架（或其他材料）大棚即可，一般要求棚高 2.5～3 米、棚宽 6米、腰高 1.5～1.8 米，棚长根据实际需要，一般为 20～30 米，棚高、腰高有利于通风。棚内离地搭盖简易苗床 2 条，用于放置种植穴盘或其他栽培容器，架子宽度为 1.8～2 米，中间过道宽 1 米左右。大棚顶上覆盖 1 层塑料膜；其上再盖 2层遮阳网，最好一层固定、一层活动，便于根据季节、天气调节光照；棚腰至地面四周须设置防虫网，防止害虫、鸟类等危害。

### 16. 金线莲组培苗如何驯化培养？

经过生根壮苗的金线莲组培苗在移栽前要经过驯化培养，才能提高种植成活率。驯化培养的方法比较简单，可将栽有组培苗的玻璃瓶由光照培养室搬到有遮阴的大棚苗床上，放于阴凉处，避免阳光直射，放置1～2周后，打开瓶盖，再放1～2天后进行移栽。

**17. 如何移栽金线莲组培苗？**

用长镊子将玻璃瓶内的组培苗小心地夹出，注意避免夹伤，放于操作盘内，种植前要将植株根部的培养基清理干净，剔除植株周边的小芽丛，避免栽种后引起腐烂。根部带少量培养基，可用软布轻轻黏附；基部吸附培养基较多时，则要在清水中将其清洗干净。将清理后的植株按大小整齐地种植于事先准备好的穴盘上，并用多菌灵或福美双1000倍液浇灌，注意第一次浇定根水要浇透。整个过程要求动作轻柔，以减少损伤。

**18. 如何选择金线莲栽培容器？**

金线莲栽培容器可选用底部透水的穴盘或者花盆，以穴盘种植的方式更便于管理，推荐使用内部没有分隔的穴盘。

**19. 如何确定金线莲的种植密度？**

金线莲的种植密度应适当，以0.55米×0.27米规格的穴盘大约种80株较为适宜，即每平方米约为500株。栽培密度太小，虽品质有所提高，但成本高、效益低；栽培密度太大，则植株细弱徒长，且易产生病害，品质下降。

**20. 如何确定金线莲的栽植深度？**

金线莲的栽植深度宜浅不宜深，介质盖过根系与少许基部（基部以上0.5厘米）即可。

**21. 如何确定金线莲的移植季节？**

理论上，只要条件允许，金线莲组培苗全年均可移植，但根据金线莲的自然生长习性，春、秋两季移植更有利于成活与生长。在低丘陵地区，夏季高温高湿，植株容易猝倒死亡，难以越夏，因此应选择在秋季8月底至9月移植，这样可使金线莲生长避开夏季高温；有条件进行人工降温（例如温室水帘降温）的，也可以在春季4～5月移植。在海拔较高的山区，宜在春季4～5月移植，可以自然越夏，加速生长，当年即可收获；冬天有加温条件的地点，也可以在秋季8～9月种植。

**22. 金线莲栽培如何进行水分管理？**

组培苗种好后，第一次浇定根水要浇透。前2周，每隔2小时喷雾1次。2

周后，一般每 2 天浇水 1 次，夏季高温天气每天浇水 1 次，冬季每 3～4 天浇水 1 次。浇水时间选择晴朗天气的上午 9～11 时为宜，阴雨天气不要浇水。浇水的次数及每次的浇水量视基质的保水性而定，泥炭土的保水性较强，浇水前应先检查基质的干湿程度，避免由于基质太湿或积水导致根茎腐烂。水分是金线莲生长的关键因子，从移植至采收过程都要注意保持基质湿润，夏季可以在大棚内部的周边以浅沟或浅槽聚水来增加空气相对湿度。

### 23. 金线莲栽培如何施肥？

金线莲定植后 1 个月左右，新根已经长出，此时可以进行第 1 次施肥，肥料可以选用 1‰ 的复合肥或尿素水溶液，每 2 周施肥 1 次，两种肥料交替使用，也可以用经过充分沤制发酵腐熟的有机肥对水稀释后施用（建议先少量试验后再用），施肥后需用清水再淋洗茎叶 1 次，避免引起肥害烧苗。此外，还可以配合叶面施肥，用 1‰ 磷酸二氢钾溶液或花宝等叶面肥喷施，每月喷施 1 次。

### 24. 金线莲栽培如何减少病虫害的发生？

金线莲病虫害发生多是由于高温多湿、通风不良及栽培环境不清洁等因素引起，栽培过程中克服这些不良因素，并清除大棚周边杂草，可以减少病虫害的发生。

### 25. 金线莲栽培如何防治病虫害？

金线莲的病害主要有镰刀菌、猝倒病以及细菌软腐病等，虫害主要有蜗牛、蛞蝓和红蜘蛛等。春末夏初易发生软腐病、猝倒病，且常发生在组培苗移植初期。因此，组培苗移植后要用多菌灵或福美双 1000 倍液浇灌作为定根水，在病害高发季节，也可用农用硫酸链霉素 100 毫克/千克或普力克 1000 倍液、多菌灵 1000 倍液等轮换喷施，每月喷 1 次。蜗牛与蛞蝓多发生于 5～6 月，可用密达或生石灰撒施于苗床及四周来防治；偶尔有红蜘蛛危害，可用克螨特 1000～2000 倍液喷施除虫。

### 26. 如何确定金线莲的采收期？

金线莲采收期的确定与栽培时间的长短有密切关系，在金线莲组培苗出瓶定植 6 个月以上采收较为适宜。因为组培苗在种植后的前 3～4 个月，鲜重增加不明显，再栽培 2～3 个月，植株中水分的比例明显降低，同时也提高了药效成分。当金线莲植株的高度长到 6～10 厘米以上、每株有 5～6 片叶、鲜重为 1～2 克时即可采收。

## 27. 金线莲应该如何采收与加工？

金线莲全株均可入药，采收时可以将其连根拔起，也可割茎（留下基部 1～2 节）留根再生。采后抖去泥土，洗净待售。根据销售方式进行多样化加工，可直接鲜品销售、烘干或晒干作为干品销售，或者鲜品脱水真空包装销售，等等。

# 铁皮石斛

**1. 铁皮石斛有什么药用功能？**

明代李时珍的《本草纲目》中记载："石斛除痹下气、补内脏虚劳羸瘦，强阴益精。久服，厚肠胃，补内绝不足。来胃气，长肌肉，益智除惊，轻身延年"。铁皮石斛肉质茎中含有石斛多糖、石斛碱、石斛胺、石斛苷、多菲类等其他生物活性物质，并含有淀粉等成分，主要药用成分为石斛碱、石斛多糖，在临床上多用于治疗慢性咽炎、消化系统疾病、眼科疾病、血栓栓塞性疾病、关节炎等症，还可用于癌症的治疗或辅助治疗，特别是近年来研究者将它用于消除癌症及肿瘤放疗、化疗后的副作用和恢复体能，效果十分明显。现代医学研究证明，铁皮石斛能显著提高机体免疫功能，具有养胃出津、补肾益力、明目强身、滋阴清热、耐缺氧、抗疲劳、抗肿瘤、抗癌症、抗辐射、抗衰老、扩张血管等功效。

**2. 如何大量繁殖铁皮石斛？**

由于铁皮石斛自然繁殖率极低，生长缓慢，通过组织培养技术快速、大量地繁殖出优质的铁皮石斛组培苗成为解决铁皮石斛种苗紧缺问题的唯一途径。

**3. 铁皮石斛成功栽培的关键是什么？**

成功栽培铁皮石斛必须解决好两个问题，第一是如何提高组培苗的移栽成活率，长期以来移栽成活率低的问题是制约铁皮石斛产业化生产的关键，这与铁皮石斛种苗质量、栽培基质、栽培模式和管理水平等因素有很大的关系。第二是如何种出高品质、高产量、卖相好的铁皮石斛商品鲜条。目前，市场上一般要求铁皮石斛鲜茎长度在35厘米以内、茎粗（最好筷子粗以上）、节间密、含水量少，是软脚品种。

**4. 如何选择铁皮石斛品种？**

应该选择适合当地自然环境的优质、高产、抗病的品种，最好是栽培当地现在还存有的野生优质品种，这样种出来的才是真正的道地药材。

**5. 如何选择栽培铁皮石斛的基质？**

因地制宜选择适宜的栽培基质是优质、高效栽培的关键，规模化生产铁皮石斛要求栽培基质原料易得、操作方便。由于铁皮石斛的根为气生根，有明显的好气性和浅根性。因此，铁皮石斛的生物特性要求栽培基质以疏松透气、排水良好且能保水保肥、不易发霉、无病菌和害虫潜藏者为宜。可以选择水苔、椰糠、甘蔗渣、砖碎、树皮、刨花、蕨根、板边、菌糠、木糠等为栽培基质，目前在规模化栽培中以粉碎过的松树皮颗粒（直径 0.5～4 厘米）为主要栽培基质。

6. 铁皮石斛的栽培基质要经过怎样的处理才能使用？

基质在使用前应该经高温或药剂浸泡（多菌灵、甲基托布津、高锰酸钾，800～1500 倍液）等方式消毒，如使用植物根茎叶的，应该经过堆沤发酵、浸泡和蒸煮等处理；某些基质体积较大或较厚的可用开水煮或高温蒸汽蒸 20 分钟后，取出让其自然冷却晾干待用，目的是将基质内部隐藏的虫卵和病菌杀死，减少日后栽培时病虫害发生的概率。基质含水量以 60％左右为宜。

7. 铁皮石斛的主要栽培设施有哪些？

铁皮石斛喜温暖、多雾、微风、清洁、散射光的环境，切忌阳光直射、暴晒。铁皮石斛原产区大多处于温带和亚热带，海拔在 500 米以上的地区，全年气候温暖、湿润，冬季气温在 0 ℃以上。因此，铁皮石斛以保护地栽培为宜，目前主要是在大棚中进行，可使用玻璃温室、镀锌管大棚或简易竹木结构大棚等设施。大棚要求配备有遮阴网、喷雾和灌溉设备，棚内搭建架空的高架种植畦，容易控制调节温度、湿度、透气性等环境因素。

8. 铁皮石斛栽培大棚的搭建要求有哪些？

铁皮石斛栽培大棚要通电、通水、通路，要求棚宽 6～8 米、长 20～50 米，棚肩高 1.7 米以上，棚顶高 2.8 米以上，棚顶覆盖塑料无滴薄膜和 70％荫蔽度的遮阴网，棚内安装有自来水管，大棚四周和入口装有 20～40 目的防虫网。有条件的，棚内还要装有自动或手动控制的喷雾系统（最好既能喷雾，又能喷肥、喷药），这样可以防晒、防雨、防虫、保温、保湿、透气，还能大大减轻劳动量。

9. 如何搭建铁皮石斛种植畦？

棚内搭建畦底架空的种植畦，可用角钢、砖头、木板或方条等材料作为种植畦的框架，然后铺设孔径为 0.3～0.5 厘米、基质漏不下去的塑料平板作为栽培基质的支撑面，或者用石棉瓦、剖开的竹条或木板作支撑面（每隔 10 厘米打一小孔用来排水透气），然后在畦面上铺设栽培基质；也可以用营养杯的方式装基质来栽培，再摆放在畦面上。要求畦宽 1～1.4 米，畦的长度可自定，畦底架空的高度为 10～50 厘米。种植畦上方装有可随时喷雾的喷头，喷雾的时间最好能控制。没有条件的，也可以用喷雾器来代替。搭建这种高架种植畦是为了更好地控制水分和透气，从而给予组培苗生长最佳的水分又不致积水，保证通风透气，又能同时喷肥、喷药，小苗成活率高，大面积移栽时能大大节省劳动力。

10. 铁皮石斛栽培大棚有哪些降温设施？

可在棚外高于棚顶 1 米处安装自动喷淋设施，在高温的夏季每隔 0.5～1 小时对棚顶薄膜进行喷水，目的是为了加速棚内降温过程；或者在棚头加装大尺寸排风扇，棚中间加装 1～2 个环流风扇，增加棚内的空气循环，加强空气流通，有利于降温的同时，还可避免因喷雾降温次数过多造成基质过湿易引发病害的问题，尤其是在高温高湿的夏季效果最明显。

11. 铁皮石斛栽培基质如何铺设？

种植畦上分层铺 4～6 厘米厚的基质，下层先铺 2/3 的颗粒较大的基质（直径 1～4 厘米），顶层再铺 1/3 颗粒较细的基质（直径 1 厘米以内），然后摊平，上细下粗的目的是给根系创造一个疏松、透气且不易板结的小环境，有利于提高组培苗的移栽成活率。移栽前用 0.3% 高锰酸钾或 1000 倍多菌灵药液对基质进行表面喷洒消毒。

12. 铁皮石斛组培苗如何炼苗？

栽培前将瓶苗移至炼苗房进行 2～3 周的炼苗，让瓶苗从封闭稳定的室内环境向开放变化的环境过渡，慢慢适应自然环境，等瓶苗生长健壮、叶色浓绿时出瓶种植。出瓶苗要求是，增殖代数在 10 代以内，苗长 3 厘米以上，茎粗 0.2 厘米以上，茎有 3～4 个节间、长有 4～6 片叶，叶正常展开，叶色嫩绿或翠绿，根长 3 厘米以上，有 3～5 条根，根皮色白中带绿，无黑色根，无畸形，无变异。

13. 铁皮石斛组培苗如何进行出瓶清洗？

出瓶前先将瓶盖打开，让瓶苗在室外空气中放置 2～3 天，让其适应空气的温度、湿度。在洗苗时将培养基与小苗一起轻轻取出，整齐放置于盆中待清洗，将污染苗、裸根苗或少根苗分别放置。正常组培苗先在自来水中洗净培养基（特别是要洗掉琼脂，以免琼脂发霉引起烂根），再换自来水清洗一次。

14. 铁皮石斛组培苗如何进行分级？

最好一边洗苗一边对小苗进行分级，可以按高度及粗度分三个等级，这样移栽时方便针对不同级别的苗采取不同的管理措施，以便提高苗的成活率和培育出整齐一致的壮苗。

**15. 铁皮石斛组培苗如何进行生根诱导？**

对裸根或少根组培苗经过上述清洗后，还需将小苗根部置于100毫克/升的ABT生根粉中浸泡15分钟以进行生根诱导。

**16. 铁皮石斛的组培苗如何进行消毒？**

铁皮石斛的组培苗经过清洗后，用多菌灵1000倍液或0.3%高锰酸钾浸泡整株小苗20分钟。

**17. 如何选择铁皮石斛栽培的最佳季节？**

铁皮石斛栽培的最佳季节应是日平均气温在15～28 ℃时，气温过低或过高均不宜出瓶种植。一般来说，在铁皮石斛主产地，除了最冷的1～2月以及最热的7～8月，均可进行种植。部分高海拔地区，除了12月至次年的3月，其余时间均可进行种植。大多数地区的最佳栽培时间为3～6月。

**18. 铁皮石斛组培苗栽植有什么要求？**

栽植时在种植畦的基质上用手指挖2～3厘米深的小洞，轻轻把洗净的铁皮石斛组培苗根部放入小洞内，然后用基质盖好，注意不要弄断石斛的肉质根、不要用基质压实根部，不能种得过深，要让部分根露在空气中。不同等级的小苗和裸根的或少根的组培苗最好分开种，以便管理。栽培密度为100～200丛/平方米（每丛有2～5株苗），丛行距为（5～10）厘米×10厘米，每亩栽10万～18万株。

**19. 铁皮石斛组培苗栽培管理的原则是什么？**

栽培铁皮石斛有一个重要原则——"暖多冷少"，即气候回暖时，铁皮石斛开始发新芽长新苗，进入旺盛生长期，这时候需要的水分、营养肥料逐渐增多，保证其生长需要才能取得优质高产的鲜条；到了寒冷的季节，铁皮石斛逐步进入休眠期，对水分、营养的需要很低，我们就要尽量减少甚至不对它施用水和肥，让其安全渡过休眠期，为来年萌芽打好基础。

**20. 铁皮石斛大棚栽培如何进行温度控制？**

铁皮石斛组培苗生长的适宜温度为18～30 ℃，春季是移栽组培苗的最佳季节，这时候的空气温度、湿度都在其生长的最佳范围内。夏季温度高时，大棚内须加强通风散热，要经常开启棚内的抽风循环系统，加强棚内外的空气对流，没有这个系统的则要经常通过喷雾来降温保湿，每天喷雾3～5次，每次喷雾1～2分钟；冬季气温低时，要求大棚四周密封好，以防冻伤组培苗。

**21. 铁皮石斛大棚栽培小苗阶段如何进行水分控制？**

水分控制是栽培铁皮石斛过程中最重要、最关键的环节之一，也是最不好操作的步骤，水分过多或过少对铁皮石斛的生长影响都很大，因此，有人开玩笑说"喷雾淋水是大师傅干的活儿"。刚移栽的铁皮石斛组培苗对水分最敏感，因此，基质水分的管理要求是"宁少勿多"，以保证基质含水量在 60%～70%为宜，有个简单的判断标准：手抓基质用力挤，以挤不出水滴为适宜。基质喷雾过多则易造成渍水烂根，温度高湿度大时还易引发软腐病大规模发生；基质缺水则易导致铁皮石斛生长缓慢、干枯，成活率低。移栽后一周内（幼苗尚未发新根）空气湿度保持在 90%左右，一周后，植株开始发新根，可保持 70%～80%的空气湿度。种植畦干湿交替有利于铁皮石斛发根长芽。

**22. 铁皮石斛大棚栽培大苗阶段如何进行水分控制？**

铁皮石斛大苗的水分管理要求在生长旺盛期（4～7 月）保证基质的水分充足，过干不利于铁皮石斛长新芽、发新苗；夏秋高温季节则要尽量控制水分，以基质含水量在 40%～50%为宜，因为水是多数病菌的主要传播途径，而高温高湿最易引发各类真菌类和细菌类病害的大规模暴发，而减少水分和增加通风是减轻病害发生的最有效、成本最低的预防方式；进入 11 月以后的冬季，气温逐渐降低，10 ℃以下铁皮石斛基本停止生长进入休眠状态，对水分的要求很低，因此，此时基质含水量应控制在 30%以内。

**23. 铁皮石斛大棚栽培如何进行施肥和补水？**

组培苗移栽期间的施肥以叶面肥为主。由于铁皮石斛为气生根，因此要喷施适宜的叶面肥作为营养液，继续供给植株充足的养分，以利于其早发根、长新芽。叶面肥可以选择硝酸钾、磷酸二氢钾、腐殖酸类叶面肥、进口三复合肥及某些兰花专用肥（如花多多系列）等。一般移栽一个月以后，植株新根、新芽发生后开始喷施 0.1%的叶面肥如硝酸钾或复合肥水剂，7～10 天喷 1 次，每月喷 3～4 次。一般情况下，施肥后两天停止浇水。若空气对流太大，则视基质的干湿度适当用喷雾进行补水。

**24. 铁皮石斛大棚栽培大苗阶段如何进行施肥？**

大苗在生长旺盛期需肥量较多，这个时期以施用有机肥为主，化学肥料为辅。可以用鱼粉、花生麸混合其他一些微量元素沤制腐熟后用来喷淋基质，每月喷淋 3～4 次，每次以淋透基质为准。也可以施用一些市面有售的兰花专用肥，不同时期有不同的专用肥，要按说明书的要求去施用，施用前最好先进行小面积的试用，待 10 天以后观察没有出现异常反应再大面积施用。秋、冬季铁皮石斛肉质茎以横向增粗生长为主，是积累石斛多糖等内含物的主要时期。因此，进入 10 月以后，最好少施或不施含氮元素的肥料，而要以钾肥为主，按 1000 倍液→800 倍液→600 倍液→500 倍液浓度连续追施 4 次磷酸二氢钾，每亩施 20 千克。

25. 铁皮石斛大棚栽培如何进行光照管理？

铁皮石斛生长期的荫蔽度以 60％左右为宜。刚移栽组培瓶苗时，大棚须盖有 70％荫蔽度以上的遮阴网，以防强光暴晒把幼苗晒蔫影响成活率。高温高强光的夏、秋两季，大棚的遮阴网须盖好盖牢，因为高强光很容易让植株提早封顶，长不高，影响产量。冬季应适当揭开荫棚以利于透光，延长生长期。

26. 铁皮石斛大棚栽培如何进行中耕除草？

铁皮石斛栽种后，应及时进行人工除草和疏松基质。除草是为了不让草与铁皮石斛争夺肥水阳光，同时也能减少外来害虫飞来寄宿产卵从而危害到石斛的机会。此外，发现有板结的基质要用手或工具进行疏松，使得施肥、浇水时让基质底部的根系能吸收到。

27. 铁皮石斛大棚栽培如何进行越冬管理？

越冬管理主要措施是保温，措施有加二道膜、烟雾防冻、人工加温等。进入冬季前要对铁皮石斛进行抗冻锻炼并适当降低湿度，每半个月喷 1 次水。

28. 铁皮石斛大棚栽培如何防治软腐病？

软腐病病原菌为细菌类欧氏杆菌，是夏季铁皮石斛的主要病害，高温高湿环境下最易发生，且发病快。其病原菌多从根茎处侵染，发病初期受害处为暗绿色水浸状，之后迅速扩展呈黄褐色软化腐烂。腐烂部位有特殊臭味。严重时，叶片迅速变黄。因此，要加强棚内管理，注意通风透光和降低棚内湿度。由于该病病原菌可在带有病残体的基质中常年存活，若植株在进行移植及管理作业中产生伤口、受害虫为害产生食痕迹或自然脱叶时产生伤口，病菌可从这些伤口侵染为害，因此一旦发现此病，要及时移除病株及病株处的基质，并用广谱性抗菌剂如托布津、多菌灵、科博、农用链霉素等药剂消毒杀菌，然后重新用消毒过的基质栽植；昆虫也能传播此病，因此还要做好防虫工作。发病初期，用 77％可杀得 101 可湿性粉剂 2000 毫克/千克防治效果最好，喷药后 12 天防治效果可达 78％以上；也可用 75％甲基托布津可湿性粉剂 800 倍液喷雾防治。

29. 铁皮石斛大棚栽培如何防治黑斑病？

黑斑病病原菌主要危害幼嫩的叶片，使叶片枯萎，产生黑褐色病斑，病斑周围叶片变黄，受害严重的植株叶片全部脱落。老叶基本不会被病菌侵染，但2～3年植株上抽出的新叶会被侵染。此病一般3～5月发生，可用1∶1∶150波尔多液或25％的使百克乳油或10％世高水分散粒剂800～1000倍液喷雾2～3次。

30. 铁皮石斛大棚栽培如何防治炭疽病？

炭疽病主要为害叶片及肉质茎，受害叶片出现褐色或黑色病斑，大量发生时可导致落叶，严重影响铁皮石斛的生长，一般1～5月均有发生。该病病原菌的分生孢子主要靠风雨、浇水等传播，多从伤口处侵染，栽植过密、通风不良、叶子相互交叉易感病。驯化过程中要加强棚内空气的流通，控制湿度，发现病株、残体要及时清除，保持环境清洁。

该病初发时可用75％的甲基托布津1000倍液，或50％施保功可湿粉剂2000倍液，或25％施保克乳油1000倍液，或25％炭特灵可湿性粉剂500倍液，25％苯菌灵乳油900倍液，或50％退菌特800～1000倍液，或80％炭疽福美可湿性粉剂800倍液，隔7～10天喷1次，连续喷3～4次。

31. 铁皮石斛大棚栽培如何防治疫病？

疫病又称石斛猝倒病，其病原菌为烟草疫霉菌，主要为害当年移植的铁皮石斛苗，引起死亡。发病时首先在植株茎基部出现黑褐色病斑，呈水渍状，随后病斑向下扩展，造成根系死亡，引起植株叶片变黄、脱落、枯萎。严重时整个植株像被开水烫过似的，叶片皱缩、脱落，不久整个植株枯萎死亡。疫霉菌是典型的土传病原菌，疫病在棚内以发病植株向周围扩展，形成明显的发病中心。在病害发生过的地方，补栽的铁皮石斛苗发病率达70％～80％。在大棚栽培温度高、浇水过多、通气不良的情况下，叶梢中积有大量水分，时间一长，最容易引发此病。因此，管理上要通风透气，光线要充足，发病时要严格控水，及时去除病叶、病株及其根部基质。用药防治时可用1∶1∶150波尔多液800倍液，或72.2％的普力克水剂500倍液，或58％金雷多米尔可湿性粉剂1000倍液，或80％锌锰乃浦500倍液交替喷施，必要时可3～7天内进行重复处理。

32. 铁皮石斛大棚栽培如何防治白绢病？

白绢病发生时，在种植畦表面可见绢状菌丝，菌丝中心部位形成褐色菜籽样菌核。该病可导致铁皮石斛基部腐烂并向茎、叶扩展，形成毁灭性危害。

防治方法：发现病株应立即拔除、烧毁，并用生石灰粉处理病穴；用50％福多宁可湿性粉剂3000倍液或75％灭普宁可湿性粉剂1000倍液喷雾，一般每7天喷1次，连续喷2～3次。着重喷雾植株基部及四周地面。

### 33. 铁皮石斛大棚栽培如何防治白粉病？

白粉病在大田栽培时发生较多，一般加强通风就可以减轻病情，选用25％粉锈宁可湿性粉剂1000～1500倍液进行喷雾防治，一般隔7天喷1次，连续喷2～3次。

### 34. 铁皮石斛的主要虫害有哪些？

为害铁皮石斛的主要虫害有软体动物、石斛菲盾蚧、红蜘蛛、斜纹夜蛾、短额负蝗等。

### 35. 如何防治为害铁皮石斛的软体动物虫害？

为害铁皮石斛的软体动物虫害主要是蜗牛、蛞蝓和某些螺类，都较为常见，它们为害植株的幼茎、嫩叶，一般白天潜伏在阴处，夜间爬出活动为害，雨天为害较重。防治方法如下。

（1）用菜叶或青草毒饵诱杀，即用50％辛硫磷乳油0.5千克加鲜草50千克拌湿，于傍晚撒在畦间诱杀。

（2）晚间可进行人工捕杀。

（3）在畦四周撒施生石灰、茶麸、饱和食盐水，防止它们爬入畦内为害。

（4）在畦内喷撒杀螺类药剂如密达、50％杀螺胺乙醇可湿性粉剂等进行防治。一般每隔2周用药1次，次数视虫害情况而定。

### 36. 如何防治为害铁皮石斛的石斛菲盾蚧？

石斛菲盾蚧寄生于植株叶片边缘或背面，吸食汁液，5月下旬为孵化盛期。可用40％乐果乳油1000倍液喷雾杀虫，集中有菲盾蚧的植株，将它们烧毁。

### 37. 如何防治为害铁皮石斛的红蜘蛛？

红蜘蛛主要为害铁皮石斛的叶片和肉质茎，它们通过刺吸茎叶，使受害部位水分减少，表现为茎叶失绿变白，叶片表面呈现密集、苍白的小斑点，叶片卷曲发黄。严重时植株出现黄叶、焦叶、卷叶、落叶和死亡等现象。红蜘蛛一年发生7～8代，每年3～4月开始为害，6～7月为害严重。因此，在4月底以后，要经常对植株进行观察、检查，在气温高、湿度大、通风不良的情况下，红蜘蛛繁殖极快，会造成严重损失。防治方法如下。

（1）清除周边环境的杂草。

（2）可喷 20％三氯杀螨醇乳油 500～600 倍液，或 20％灭扫利乳油 2000 倍液，或 5％尼索朗乳油 1500 倍液，或 50％久效磷乳油 1500 倍液，或 40％水胺硫磷乳油 1500 倍液，或 40％氧化乐果乳油 1500 倍液，或 10％天王星乳油 3000 倍液，等等。为了避免害虫产生抗药性，应交替用药或混合施药。

### 38. 如何防治为害铁皮石斛的斜纹夜蛾？

7～10 月为斜纹夜蛾幼虫的高发期，斜纹夜蛾主要为害铁皮石斛的叶片和嫩芽。主要防治方法如下。

（1）利用杀虫灯、性诱剂等诱杀害虫。

（2）及时摘除卵块或初孵幼虫群集的"纱窗叶"。

（3）在幼虫低龄期选用高效、低毒、低残留的农药进行喷雾防治，药剂可选用 10％除尽乳油 1500 倍液或 20％米满乳油 1000～1500 倍液，或 5％抑太保乳油 1500～2000 倍液。

### 39. 如何防治为害铁皮石斛的短额负蝗？

短额负蝗取食铁皮石斛叶片，严重时整叶被吃光。主要防治方法如下。

（1）清除田边、地头、沟旁杂草。

（2）在若虫 3 龄前突击防治，重点防治田埂、地边、渠旁嫩草丛，可用 50％辛硫磷乳油 1000～1500 倍液进行防治。

### 40. 如何采收铁皮石斛？

铁皮石斛一般是在开花前进行采收，此时鲜条所含石斛多糖药效成分含量最高且含水量少，最佳采收时间多在 11 月至次年 4 月这段时间。采收标准是鲜条基部以上几节开始长有白衣（发白的叶鞘），顶部数节还带有绿叶时，用剪刀剪去基部 2～3 节以上那部分鲜条，不剪的部分留给来年发的新芽提供营养。剪下来的鲜条摘除叶子码整齐后，用塑料薄膜密封好待售；或者一边采收一边制成铁皮枫斗。